麥田金老師的解密烘焙

蛋糕與裝飾

解密達人・麥田金 著

$\mathcal{C}$ontents 目錄

Chapter
01
寫在開始之前

Chapter
02
天然美味的蛋糕製作

海綿蛋糕類

Chapter
03
繽紛耀眼的蛋糕裝飾

奶油霜裱花

春暖花開，令人精神舒爽，好不愉快！
尤其能看見天然的食材，
製作出如此吸睛又健康美味的蛋糕，
真的要直呼～幸福～啊！

　　所謂人生有夢，築夢踏實。樣貌甜美，神情永遠展露專業與自信的幸福推手 - 麥田金老師，彷彿擁有三頭六臂，她懷抱著努力不懈的學習精神，走訪各地探究佳餚美食，不只讓她的教學工作快、準、好，而且多元豐厚的種種專長、投入與身分，更讓她長期被邀請駐守各大廚藝及烘焙教室等地，分享美食料理與烘焙教學。

　　如果你是她的粉絲，你一定發現短短時間內，暢銷書排行榜裡「又」再度出現麥田金老師的新書 - 解密烘焙《蛋糕與裝飾》。這個「又」字，當然是指新書裡再度充滿善良與美好的正能量。技術超好又超有耐心的她，用簡潔文字及照片鋪陳，把看似複雜的烘焙問題，說得極為清楚，講得十分明白，讓有心學習者都能用更聰明、更快、更好的方法，快速找到烘焙的解密竅門。

　　尤其她純樸環抱美麗寶島的土地和人情，不只讓你我美滿家庭有詩情，你的烘焙世界更有境界。想做出真正健康又漂亮的蛋糕，你一定要讀一讀這本《麥田金老師的解密烘焙：蛋糕與裝飾》。如果你已是深入玩味的老手，你會發現她舞刀弄叉的美味蛋糕與超級裝飾，真的與眾不同，絕對讓你視覺、聽覺、嗅覺、味覺和觸覺都感到幸福、快樂與滿足！

新唐人電視台節目總監 張瓊文

蛋糕裝飾是一種藝術和美學。
運用天然食材，製作出好吃健康的蛋糕體，
上面擺放美麗的裝飾品，
就能讓蛋糕呈現不同的風情與魅力。

　　撰寫本書的期間，我前往韓國，學習最流行的韓式奶油裱花及豆沙裱花裝飾法，並取得韓國奶油裱花及豆沙裱花證書回台灣。分別待過美國、日本、法國、韓國等國學習之後，累積許多經驗與心得想分享給讀者們。

　　裱花，是一種裝飾的技術，運用相同的擠花手法，採用不同的食材，就能夠創造出不同質感的花朵來裝飾蛋糕。使用鮮奶油製作出來的是鮮奶油花、糖霜製作出的是糖花、奶油霜製作出來的就是奶油霜花、用豆沙製作出來的就是豆沙花。基本上，使用的工具及擠法都是相同的。只要多多練習，您也可以自己擠出漂亮的花朵、裝飾出讓人驚豔的蛋糕。

　　本書裡的杯子蛋糕裝飾法，只要使用簡單的工具和食材，就能讓杯子蛋糕呈現華麗的造型，洋溢著幸福與甜蜜，很適合當婚禮小物使用。

　　教學 19 年，許多學生對於蛋糕在製作及烤焙上常有的疑問，蛋白要打多發？糖分幾次加？ 如何判斷蛋糕有沒有烤熟？蛋要不要冰？模型要不要抹油？……，我把這些問題彙整在 Q & A 裡，希望讀者們在閱讀這本書後能夠充分解惑。

　　感謝麥田金食品的工作團隊成員們在拍攝本書時的協助，感謝攝影師、編輯、美編、行銷，大家共同為這本書催生過程中所做的努力。大家辛苦了，謝謝大家！

解密達人　麥田金

麥田金老師開課資訊

除了透過本書圖文了解蛋糕製作與裝飾技法，
讀者若想更進一步由老師親自授課學習，可洽詢以下全台烘焙教室。

麥田金烘焙教室	03-374-6686	桃園市八德區銀和街 17 號
探索 172	0918-888-456	台北市大安區敦化南路二段 172 巷 5 弄 4 號
好學文創工坊	02-8261-5909	新北市土城區金城路二段 386 號 1 樓、378 號 2 樓
果林烘焙教室	02-2958-2891	新北市板橋區五權街 11 號 1 樓
快樂媽媽烘焙教室	02-2287-6020	新北市三重區永福街 242 號
葛瑞絲廚藝教室	02-2248-3666	新北市中和區中山路二段 228 號 5 樓
全國廚藝教室	03-331-6508	桃園市桃園區大有路 85 號
樂活時光手作烘焙教室	0927-620-082	桃園市蘆竹區南順七街 32 巷 5 號 1 樓
富春手作料理私廚	03-491-9142	桃園市中壢區明德路 260 號 4 樓
月桂坊烘焙教室	03-592-7922	新竹縣芎林鄉富林路二段 281 號之 2
36 號廚藝教室	03-553-5719	新竹縣竹北市文明街 36 號
台中 - 永誠行	04-2224-9876	台中市民生路 147 號
豐圭廚藝教室	04-2529-6158	台中市豐原區市政路 24 號
彰化 - 永誠行	0912-631-570	彰化市彰新路二段 202 號
CC Cooking 教室	05-536-0158	雲林縣斗六市仁愛路 22 號
潘老師廚藝教室	05-232-7443	嘉義市文化路 447 號
墨菲烘焙教室	06-249-3838	台南市仁德區仁義一街 80 號
朵雲烘焙教室	0986-930-376	台南市東區自由路一段 33 號
蕃茄親了土司烘焙教室	0955-760-866	台南市永康區富強路一段 87 號
愛烘焙廚藝教室	0980-337-760	高雄市左營區文自路 613 號
弟禮修斯烘焙教室	0939-520-137	高雄市苓雅區五福一路 137 號
比比烘焙教室	07-2856-658	高雄市前金區瑞源路 146 號
我愛三寶親子烘焙教室	0926-222-267	高雄市前鎮區正勤路 55 號
愛奶客烘焙教室	08-737-2322	屏東市華正路 158 號
宜蘭餐飲協會	0918-888-456	宜蘭縣五結鄉國民南路 5-15 號

Chapter
01

寫在開始之前

在開始動手做蛋糕之前，請先準備好基本烘焙器材，準備好材料並認識材料的作用。最重要的是，請先閱讀常犯的錯誤和疑問詳解，這會讓你在後續的製程中，減少犯錯的可能。

不鏽鋼盆

拌勻材料使用，亦可直接加熱或隔水加熱，建議選購幾個不同尺寸的大小搭配使用。

電子磅秤

精準的磅秤可以確保材料比例正確，不建議使用彈簧秤，因為容易有誤差。

橡皮刮刀

拌勻材料的好幫手，選購時注意耐熱度，耐熱材質可在加熱中使用。

打蛋器

打發蛋白或混拌材料時使用。挑選時，長度可比不銹鋼盆高，比較好操作。

手提電動攪拌機

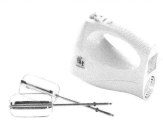

手提電動攪拌機的價格經濟實惠，比手持打蛋器省力許多，可用來攪打少量的材料。

刮板

有直線面的硬刮板和曲線面的軟刮板。硬刮板可分切麵團或奶油，軟刮板可用來刮拌麵糊。

篩網

過濾粉類材料使用。挑選時以網目較細的為佳。

抹刀

有 L 型和直的兩種，可用來塗抹奶油等，也可用在輔助移動蛋糕時使用。

擠花袋

可裝入奶油擠花，或者裝入麵糊和內餡等，在填入模型時可避免麵糊溢出。

溫度計	8 吋活動蛋糕模	12 連布丁模

可使用酒精溫度計或電子溫度計，用來測量液體溫度的必備器具。酒精溫度計購買時注意測量範圍，不用時要放在盒中，避免摔到斷線，一斷線就不能用了。

製作圓蛋糕使用，建議選用活動式，脫模比較容易。

使用油力士紙模時，要搭配布丁模撐住，麵糊才不會流散開。

油力士紙模	耐烤紙模	冷卻架

製作杯子蛋糕使用，要放在烤模內使用，否則支撐力不足。

製作杯子蛋糕使用，具有支撐力，不須再套進烤模。

蛋糕出爐時使用，能幫助蛋糕體迅速散熱。

花嘴	花嘴轉換器	蛋糕轉台

玫瑰花嘴 　彎月玫瑰花嘴

六齒菊花嘴 　圓花嘴

葉型花嘴

花嘴造型有大小尺寸之分，可依需求選購。

套上轉換器可直接換花嘴，不須整袋重裝。

桿麵棍

擀壓翻糖使用。

裝飾圓蛋糕時的輔助工具，建議選購金屬材質，轉動的穩定性較高。

花釘

擠花專用輔具。

花釘架

固定花釘用。

花剪（擠花剪刀）

可剪取擠好的奶油花，也稱取花器。

鑷子

夾取裝飾糖珠使用。

調色盤

混合色膏調色用。

筆刷

輔助局部上色使用。

各式花模

可壓取花型，組合出花朵使用。

葉形壓模

壓取葉片使用，可再畫上葉脈增加細緻度。

巧克力造型板

可用於翻糖或巧克力，壓取表面紋路。

圍邊飾條

圍繞在蛋糕周圍裝飾用。

裝飾插牌

增加蛋糕趣味造型使用。

蛋白霜粉

製作義大利蛋白霜的材料。

色膏

奶油霜或翻糖或蛋糕體等食材染色用。

泰勒膠

透明無色,是製作蕾絲糖的材料。

天然蔬菜粉

天然蔬菜粉,如紅麴粉、竹炭粉、甜菜根粉等可用在白豆沙染色用。

純白蕾絲粉

製作蕾絲糖的材料。

食用糖片

食用裝飾彩色糖珠

翻糖模

蕾絲糖模

食用金、銀漆

蛋糕的材料作用

麵粉

　　麵粉為製成蛋糕的主原料之一。製作蛋糕，採用蛋白質含量低（大約 7 ～ 9%）的低筋麵粉。一般由美國軟質冬麥或是白麥所磨製而成。理想的低筋麵粉於攪拌時所形成的麵筋要軟，做出來的蛋糕質地才會鬆軟可口。因此製作蛋糕麵糊時，千萬不可過度攪拌，以免出筋。

油脂

　　製作海綿和戚風蛋糕時，在麵糊裡加入液體性的油脂，可使麵粉中的蛋白質和澱粉產生潤滑作用，讓蛋糕變得柔軟。

　　油脂的種類很多，在室溫下液體狀的叫油，呈現固體狀的叫脂。運用在海綿類蛋糕或戚風類蛋糕中，使用液體性油脂。在奶油類蛋糕中，應用固態性油脂，打發效果較佳。

　　製作奶油類（麵糊類）蛋糕時採用糖油拌合法，在打發奶油的過程中，麵糊裡會保留住空氣，可使蛋糕膨大。

糖

　　糖在烘焙中佔有重要地位，製作蛋糕宜選用顆粒較細的砂糖，麵糊攪拌時較易融化。

　　糖在蛋糕麵糊中的功能：
- 使蛋糕上色，蛋糕表皮的顏色，是糖在烤焙中產生焦化作用所形成的。
- 在蛋糕麵糊攪拌過程中融化變成糖漿，使麵糊光滑、細緻。
- 可保持住蛋糕中的水分，延緩蛋糕體變乾燥。
- 可供給人體熱量及碳水化合物。
- 使蛋糕產生令人愉悅的甜味。
- 調製奶油霜時，煮好的糖漿是蛋白霜打發體膨大的主要構成原料。

香草糖 DIY

材 料		作 法
細砂糖	1000g	取密封盒，放入細砂糖和香草莢，用糖蓋住香草莢，醃一個月即可。香草糖完成後，香草莢可重覆使用，取出再醃下一盒砂糖。
香草莢	3 支	

蛋

蛋含有豐富的營養價值。蛋白在蛋糕體裡，有膨大的作用。

蛋裡面的蛋白質在快速攪拌時會產生非常細的氣室（就是泡沫），在攪拌的過程中加入糖產生物理作用後，打發的泡沫形成安定的氣孔結構，所以可承受其他的材料混合。打發的蛋與麵糊在攪拌時，蛋與麵粉形成的麵筋會融合，而構成蛋糕的基本組織。

蛋糕麵糊在烤焙時，蛋所形成的氣室（泡沫）內所包圍的氣體因為受熱而膨脹、凝結而固定，因此增大蛋糕的體積。所以，蛋的打發程度是決定蛋糕體積的最重要因素。

蛋黃裡富含油脂的比例較高，蛋黃內含有的卵磷脂即是一種天然的乳化劑。可以形成柔軟蛋糕的作用。

牛奶、果汁

在蛋糕麵糊中添加牛奶或果汁，有下列的功能：
- 調整麵糊的濃稠度。麵糊若是太濃稠，麵粉的筋性太強，會影響蛋糕體的膨脹度。
- 增加蛋糕內的水分，使蛋糕體柔軟。
- 使蛋糕組織細緻，降低蛋糕體的韌性。
- 水果的果香和牛奶的奶香可增加蛋糕香氣。
- 果汁內的果酸，可以增加蛋糕的風味。
- 可以增加營養價值。

可可粉、抹茶粉

選用不同風味的粉類加入蛋糕麵糊中，可以使蛋糕變成各式不同的風味。
加入方式是扣除麵粉重 15 ～ 20%，改成要加入的不同粉類。但是請留意加入的抹茶粉或是可可粉的吸水性，要酌量用牛奶調整麵糊的濃稠度。

即溶咖啡粉

即溶咖啡粉是濃縮乾燥後的粉末，使用前請先加入牛奶中還原，若是未先溶化直接加入麵糊中，容易產生顆粒太大無法融勻的問題，烤焙後的麵糊容易產生苦味。

水果蜜餞、葡萄乾、蔓越莓乾、鳳梨、芒果等乾燥水果乾

為增加蛋糕口感的豐富度，常會在蛋糕麵糊中加入各種不同口味的水果蜜餞或是水果乾。若是使用脫水乾燥的水果乾，請先泡水或泡酒讓水果乾還原變軟，以免水果乾在蛋糕體烘烤的過程中搶走蛋糕體裡的水分。

不同麵粉製作戚風蛋糕的差異

戚風蛋糕是一種含水量較高的蛋糕體，因此應選用新鮮且質地較好的低筋麵粉，麵粉在與其他食材攪拌時，才能夠充份的與麵糊中的水分混勻，並支撐蛋糕體的膨脹，達到鬆軟的效果。

蛋糕成品比較

選用麵粉	低筋麵粉	中筋麵粉	高筋麵粉
蛋白質含量	7～9%	9～12%	12%～以上
成品筋性	較低	中等	較高
成品柔軟度	鬆軟	較硬	最硬
成品口感	綿軟	較乾	最乾
成品高度	較高	中等	較矮

★由上表可得知，製作高品質的戚風蛋糕，請選用低筋麵粉。中筋麵粉和高筋麵粉，不適合用來做戚風蛋糕。

蛋白打發注意事項

打發蛋白時，要挑選新鮮的雞蛋使用，蛋白會比較容易打發，同時注意打發蛋白使用的容器不可以有油或水，分蛋的時候也不可以把蛋黃滴入蛋白中，否則皆會影響蛋白的打發。

蛋白打發狀態

蛋糕成品比較

蛋白打發狀態	打不足	正常	打過頭
打發程度	5 分發	9 分發	棉花狀
成品高度	較矮	正常	凹陷
組織	較緊	鬆軟	粗糙

蛋糕烤焙常見失誤

麵糊拌不勻	烤焙不足
打發的蛋白與麵糊拌勻的過程中，因為比重不同的關係，請將打發的蛋白分三次加入拌好的麵糊中，動作輕、速度快的拌勻。 若是蛋白與麵糊混合的過程中沒拌勻，出爐後的蛋糕，蛋白消失的地方會出現很大的洞孔。	蛋糕麵糊混合後，應盡速放入已經預熱好的烤箱中烘焙。 烤焙過程中，要常常注意蛋糕在烤箱中的膨脹程度。 烤焙時間未達 2/3 以上的時間，請勿打開烤箱，以免蛋糕在烤箱中因為打開烤箱門熱脹冷縮的原理而收縮。 沒有烤熟就出爐的蛋糕，冷却後表面會黏手，側面會縮腰，底部會凹陷。

判斷蛋糕是否烤熟了	
烤焙時間到，請用小尖刀從蛋糕正中間插入，測試是否烤熟，若還有生麵糊沾黏就是還沒有烤熟，請推回烤箱中繼續烤焙至熟。 若是小尖刀插入沒有生麵糊沾黏，輕拍蛋糕表面有彈性、並且有沙沙聲，就是烤熟了。	

烤焙過頭	出爐沒倒扣
蛋糕烤過頭，表面會結一層厚皮，表面顏色太深，也會因為水分被烤乾所以組織變乾、口感太硬。	蛋糕出爐後，輕敲放掉蛋糕體中多餘的氣體，要倒扣架高放涼。 因為地心引力的關係，出爐後沒有倒扣的蛋糕，會產生凹陷的情形。

圓形活動烤模脫模法

作法

1

取出已經倒扣冷卻完全的蛋糕。

2

用手指按壓烤模邊緣,把蛋糕體和烤模剝離。

3

以手掌推壓蛋糕體,確認蛋糕壁和烤模完全脫離。

4

雙手扣住烤模。

5

推開底部烤盤,將蛋糕外推。

6

倒扣取出蛋糕體。

7

用手掌推動蛋糕體底部,繞一圈去推讓烤模底盤脫離。

8

倒扣取出蛋糕體。

9

以剪刀修剪蛋糕邊緣即可。

蛋糕麵糊使用圓形烤模的換算方式

以下用圖表方式呈現，方便讀者查閱。

★假設原本配方比例為 8 吋，想改做 10 吋，可先由直行找出 8 吋，對照橫
行找到 10 吋位置，得出數字為 1.6，把配方上全部材料都乘 1.6 倍。

原配方尺寸	欲轉換尺寸	4″	6″	7″	8″	9″	10″	12″
吋數	模型直徑 cm	10.2	15.2	17.8	20.3	22.9	25.4	30.5
4″	10.2	1	1.8	2.3	2.8	3.4	4	6.3
6″	15.2	0.6	1	1.4	1.8	2.3	2.8	4
7″	17.8	0.5	0.7	1	1.3	1.7	2	2.9
8″	20.3	0.4	0.6	0.8	1	1.3	1.6	2.3
9″	22.9	0.3	0.5	0.6	0.8	1	1.2	1.8
10″	25.4	0.2	0.4	0.5	0.6	0.8	1	1.4
12″	30.5		0.25	0.3	0.4	0.6	0.7	1

★圓形模計算公式：半徑 × 半徑 ×3.14× 高

蛋糕常見 Q & A

Q₁ 打發蛋白時，糖要分幾次加入？

A 糖分幾次加入蛋白中打發，這個問題取決於使用的打發機器馬力有多大。使用手提式電動打蛋器（約120～150W），請分二次加入砂糖。使用桌上型電動攪拌機（8公升以上），糖一次加入進行打發，不用分次加。使用一般打蛋器徒手來進行打發，糖一次只能加入總糖量20%，以免砂糖融解不易，進而影響蛋白打發的速度。

Q₂ 戚風蛋糕使用的模型要不要抹油？

A 戚風類的蛋糕是靠打發的蛋白來進行膨脹，蛋白怕油，因此使用的模型不要抹油，以免影響蛋糕膨脹。

Q₃ 做蛋糕的蛋要不要冰？

A₁ 戚風類的蛋糕，靠蛋白打發來膨脹，蛋白不怕冷也不怕熱，所以可以使用從冰箱拿出來冰過的蛋來做蛋糕。
請注意：若是戚風蛋糕麵糊，使用的是油脂是融化奶油，就不適合用冰過的蛋來進行麵糊的製作，以免因為蛋的溫度太低，使得融化好的奶油遇冷而變硬而不易拌勻，影響蛋糕品質。

A₂ 海綿類的蛋糕，全蛋打發最佳的膨脹溫度是43℃，就算把蛋放在常溫下，也不會有43℃，所以打發海綿蛋糕，最理想的方法是隔水加熱，將全蛋及砂糖混合一起加熱到達蛋溫43℃左右再進行打發，就可以得到最佳的蛋糕體積。所以，製作海綿蛋糕，也可以使用冰過的蛋。

A₃ 製作奶油類（麵糊類）蛋糕，製作方式是奶油與砂糖混合後打入大量空氣，使蛋糕體變鬆軟。因為奶油怕冷，所以製作這種蛋糕的蛋，若是從冰箱中取出來，請先放在常溫下回暖後，再進行蛋糕體的打發及製作。

Q₄ 覺得蛋糕配方太甜，可不可以減糖？

A 因為每個人的口味不同，若是有需要減糖做配方上的調整，戚風類的蛋糕體，可以酌量減少蛋黃麵糊部份的糖，但是減了糖後，請用鮮奶或果汁補足減掉砂糖的重量，因為砂糖加入麵糊後會融化成液體，若是減了糖的量，就要用液體來補足重量，以免麵糊太稠，不好拌勻。蛋白部份的砂糖請勿減少，以免影響蛋白的打發。

Q₅ 蛋糕出爐後底部凹入？

A 麵粉不新鮮、麵糊攪拌過頭出筋、烤箱下火太強、烤模有油。

Q6 蛋糕在烤焙中收縮？

A 烤焙時間未超過 2／3 就開爐門（熱脹冷縮）、蛋不新鮮、烤箱爐溫太低、蛋打太發。

Q7 蛋糕烤焙膨脹不足？

A 蛋打的不夠發、液體配方用量太多、最後步驟攪拌太久、麵粉攪拌太久出筋、麵糊入模重量不足、烤箱溫度太高。

Q8 蛋糕出爐後，表皮太厚？

A 烤焙太久、烤箱上火太強。

Q9 蛋糕出爐後，表皮會黏手、縮腰、自動脫模、高度降低？

A 上火太弱、烤焙不足、沒烤熟。

Q10 蛋糕口感太紮實，不鬆軟、像發糕？

A 麵粉攪拌太久出筋、糖的用量不足、麵粉用量太多、蛋打的不夠發。

Q11 蛋糕組織粗糙？

A 蛋打太發、醱粉用量太多、麵糊太乾、糖的用量不足、蛋不新鮮、麵粉筋度太強。

Q12 蛋糕內部有大洞孔？

A 麵糊沒有拌勻、糖的顆粒太粗、麵糊太乾、麵糊攪拌過久出筋。

Q13 蛋糕表皮有黑色的斑點？

A 蛋不新鮮、糖的顆粒太粗、麵粉沒有過篩。

Q14 蛋打不發？

A 蛋不新鮮、裝蛋的容器有油、分蛋過程中蛋黃掉入蛋白中、打發全蛋時沒有隔水加熱、隔水加熱全蛋時溫度太高使蛋燙熟了。

Q15 蛋糕出爐後，表面凹陷？

A 出爐後沒有倒扣、烤過頭、沒烤熟。

天然美味的蛋糕製作

本篇章涵蓋三大基本蛋糕體：海綿蛋糕、戚風蛋糕、奶油蛋糕，還有特殊的蛋糕品項，例如：零膽固醇的天使蛋糕等。使用了大量的天然蔬果增加蛋糕體的風味口感，不但好吃也要吃得健康，帶給你烘焙的最佳享受！

原味海綿蛋糕

製作份量 **約 30g×12 杯**　最佳賞味 **冷藏 4 天**

材料

全蛋	200g	橘子水	15g
細砂糖	90g	低筋麵粉	100g
沙拉油	15g		

作法

1

準備一個鋼盆，裡面放 1/3 高度的冷水。

2

全蛋放入鋼盆，放到作法 1 冷水鋼盆上，加入細砂糖。

3

開火隔水加熱，持手提電動打蛋器，以同方向最快速打 2 分鐘。

4

熄火，繼續打 1 分 30 秒（總共打 3 分 30 秒），離開熱水。

5

沙拉油＋橘子水，一起秤在小鋼盆裡，放在熱水上保溫。

6

低筋麵粉過篩，分 3 次篩入打發的作法 4 全蛋上，用刮刀拌勻成麵糊。

7

取一小部份麵糊，與保溫的作法 5 沙拉油＋橘子水拌勻，調整比重。

8

把作法 7 沙拉油麵糊倒回作法 6 全蛋麵糊中，拌勻

9

灌入小烤模後輕敲，放進烤箱以上火 170℃／下火 170℃，烤焙 15 分鐘，將烤盤調頭，再烤 5 分鐘，出爐後倒扣放涼即可。

香草海綿蛋糕

🎁 烘焙份量 **約 30g×12 杯**　　🕐 最佳賞味　**冷藏 4 天**

材料

全蛋	200g	鮮奶	15g
香草糖	80g	低筋麵粉	80g
沙拉油	15g	玉米粉	20g

Tips

如果來不及製作香草糖，也可以直接使用細砂糖，在作法 2 加入 1/2 支的香草莢，刮入香草籽一起加熱打發。

作法

1

準備一個鋼盆，裡面放 1/3 高度的冷水。

2

全蛋放入鋼盆，放到作法 1 冷水鋼盆上，加入香草糖。

3

開火隔水加熱，持手提電動打蛋器，以同方向最快速打 2 分鐘。

4

熄火，繼續打 1 分 30 秒（總共打 3 分 30 秒），離開熱水。

5

沙拉油＋鮮奶，一起秤在小鋼盆裡，放在熱水上保溫。

6

低筋麵粉＋玉米粉混合過篩，分 3 次篩入打發的作法 4 全蛋上，用刮刀拌勻成麵糊。

7

取一小部份麵糊，與保溫的作法 5 沙拉油＋鮮奶拌勻，調整比重。

8

把作法 7 沙拉油麵糊倒回作法 6 全蛋麵糊中，拌勻。

9

灌入小烤模後輕敲，放進烤箱以上火 170℃／下火 170℃，烤焙 15 分鐘，將烤盤調頭，再烤 5 分鐘，出爐後倒扣放涼即可。

蜂蜜海綿蛋糕

製作份量　**約 30g×12 杯**　　最佳賞味　**冷藏 4 天**

材料

全蛋	200g	蜂蜜	20g
細砂糖	80g	低筋麵粉	100g
沙拉油	15g		

> 材料中的蜂蜜可等比例替換成楓糖,就可以變化做出楓糖海綿蛋糕了。

作法

1

準備一個鋼盆,裡面放 1/3 高度的冷水。

2

全蛋放入鋼盆,放到作法 1 冷水鋼盆上,加入細砂糖。

3

開火隔水加熱,持手提電動打蛋器,以同方向最快速打 2 分鐘。

4

熄火,繼續打 1 分 30 秒(總共打 3 分 30 秒),離開熱水。

5

沙拉油+蜂蜜,一起秤在小鋼盆裡,放在熱水上保溫。

6

低筋麵粉過篩,分 3 次篩入打發的作法 4 全蛋上,用刮刀拌勻成麵糊。

7

取一小部份麵糊,與保溫的作法 5 沙拉油+蜂蜜拌勻,調整比重。

8

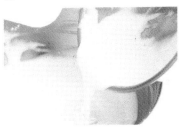

把作法 7 沙拉油麵糊倒回作法 6 全蛋麵糊中,拌勻。

9

灌入小烤模後輕敲,放進烤箱以上火 170℃/下火 170℃,烤焙 15 分鐘,將烤盤調頭,再烤 5 分鐘,出爐後倒扣放涼即可。

水滴巧克力豆海綿蛋糕

🎁 製作份量　**約 30g×12 杯**　🕐 最佳賞味　**冷藏 4 天**

材料

沙拉油	15g	細砂糖	85g
熱水	30g	低筋麵粉	65g
可可粉	20g	耐烤水滴巧克力豆	25g
全蛋	170g		

作法

1

沙拉油＋熱水，混合，加入
過篩的可可粉，拌勻，隔熱
水保溫，備用。

2

準備一個鋼盆，裡面放 1/3
高度的冷水，放上另一鋼
盆，加入全蛋＋細砂糖。

3

開火隔水加熱，持手提電動
打蛋器，以同方向最快速打
2 分鐘。

4

熄火，繼續打 1 分 30 秒（總
共打 3 分 30 秒），離開熱
水。

5

低筋麵粉過篩，分 3 次篩入
打發的作法 4 全蛋上，用刮
刀拌勻成麵糊。

6

取一小部份麵糊與作法 1 可
可糊拌勻成可可麵糊。

7

把作法 6 可可麵糊倒回作法
5 全蛋麵糊中，拌勻。

8

加入耐烤水滴巧克力豆，攪
拌均勻。

9

灌入小烤模，表面撒上少許
耐烤水滴巧克力豆後輕敲，
放進烤箱以上火 170℃／下
火 170℃，烤焙 15 分鐘，
將烤盤調頭，再烤 5 分鐘，
出爐後倒扣放涼即可。

摩卡咖啡海綿蛋糕

製作份量　**約 30g×12 杯**　最佳賞味　**冷藏 4 天**

材料

沙拉油	15g	全蛋	200g
熱水	15g	細砂糖	100g
摩卡即溶咖啡粉	15g	低筋麵粉	85g

摩卡即溶咖啡粉也可替換成現磨的摩卡咖啡粉，但要在作法1中泡出味道後，以濾網濾除咖啡渣。

作法

1

沙拉油＋熱水，混合，加入摩卡即溶咖啡粉。

2

拌勻，隔熱水保溫，備用。

3

準備一個鋼盆，裡面放1/3高度的冷水，放上另一鋼盆，加入全蛋＋細砂糖。

4

開火隔水加熱，持手提電動打蛋器，以同方向最快速打2分鐘。

5

熄火，繼續打1分30秒（總共打3分30秒），離開熱水。

6

低筋麵粉過篩，分3次篩入打發的作法5全蛋上，用刮刀拌勻成麵糊。

7

取一小部份麵糊，與保溫的作法2咖啡糊拌勻。

8

把作法7咖啡麵糊倒回作法6全蛋麵糊中，拌勻。

9

灌入小烤模後輕敲，放進烤箱以上火170℃／下火170℃，烤焙15分鐘，將烤盤調頭，再烤5分鐘，出爐後倒扣放涼即可。

阿薩姆紅茶海綿蛋糕

🎁 製作份量　**約 30g×12 杯**　🕐 最佳賞味　**冷藏 4 天**

材料

阿薩姆紅茶葉	15g	全蛋	200g
沙拉油	15g	細砂糖	85g
熱水	15g	低筋麵粉	90g

Tips

阿薩姆紅茶葉也可替換成個人喜愛的茶葉，例如：烏龍茶茶葉、綠茶茶葉等。

作法

1

阿薩姆紅茶葉放入磨粉機，磨成粉末狀，備用。

2

沙拉油＋熱水，混合，加入阿薩姆紅茶粉。

3

拌勻，隔熱水保溫，備用。

4

鋼盆裡面放 1/3 高度的冷水，放上另一鋼盆，加入全蛋＋細砂糖，開火隔水加熱，持手提電動打蛋器，以同方向最快速打 2 分鐘。

5

熄火，繼續打 1 分 30 秒（總共打 3 分 30 秒），取出鋼盆離開熱水。

6

低筋麵粉過篩，分 3 次篩入打發的作法 5 全蛋上，用刮刀拌勻成麵糊。

7

取一小部份麵糊，與保溫的作法 3 紅茶糊拌勻。

8

把作法 7 紅茶麵糊倒回作法 6 全蛋麵糊中，拌勻。

9

灌入小烤模後輕敲，放進烤箱以上火 170℃／下火 170℃，烤焙 15 分鐘，將烤盤調頭，再烤 5 分鐘，出爐後倒扣放涼即可。

養生紅麴海綿蛋糕

🎁 製作份量　**約 30g×12 杯**　🕐 最佳賞味　**冷藏 4 天**

材料

全蛋	200g	低筋麵粉	80g
細砂糖	85g	紅麴粉	20g
沙拉油	15g		

材料中的紅麴粉可等比例替換
成南瓜粉、海苔粉、綠藻粉、
竹炭粉或其他風味粉，變化出
不同風味的海綿蛋糕體。

作法

1

準備一個鋼盆，裡面放 1/3
高度的冷水。

2

全蛋放入鋼盆，放到作法
冷水鋼盆上，加入細砂糖。

3

開火隔水加熱，持手提電動
打蛋器，以同方向最快速打
2 分鐘。

4

熄火，繼續打 1 分 30 秒（總
共打 3 分 30 秒），離開熱
水。

5

沙拉油秤在小鋼盆裡，放在
熱水上保溫。

6

低筋麵粉＋紅麴粉混合過
篩，分 3 次篩入打發的作法
4 全蛋上，用刮刀拌勻成紅
麴麵糊。

7

取一小部份紅麴麵糊，與保
溫的作法 5 沙拉油拌勻。

8

把作法 7 沙拉油麵糊倒回作
法 6 紅麴麵糊中，拌勻。

9

灌入小烤模後輕敲，放進
烤箱以上火 170℃／下火
170℃，烤焙 15 分鐘，將烤
盤調頭，再烤 5 分鐘，出爐
後倒扣放涼即可。

紅絲絨海綿蛋糕

製作份量 **約 30g×12 杯**　　最佳賞味 **冷藏 4 天**

材料

全蛋	200g	低筋麵粉	80g
細砂糖	85g	甜菜根粉	20g
沙拉油	15g		

Tips

本書使用天然的甜菜根粉製作紅絲絨蛋糕，所以顏色不若市售紅絲絨蛋糕深，若想加深色澤，需另行添加少許色素。

作法

1

準備一個鋼盆，裡面放 1/3 高度的冷水。

2

全蛋放入鋼盆，放到作法 1 冷水鋼盆上，加入細砂糖。

3

開火隔水加熱，持手提電動打蛋器，以同方向最快速打 2 分鐘。

4

熄火，繼續打 1 分 30 秒（總共打 3 分 30 秒），離開熱水。

5

沙拉油秤在小鋼盆裡，放在熱水上保溫。

6

低筋麵粉＋甜菜根粉混合過篩，分 3 次篩入打發的作法 4 全蛋上，用刮刀拌勻成甜根菜麵糊。

7

取一小部份麵糊，與保溫的作法 5 沙拉油拌勻。

8

把作法 7 沙拉油麵糊倒回作法 6 甜根菜麵糊中，拌勻。

9

灌入小烤模後輕敲，放進烤箱以上火 170℃／下火 170℃，烤焙 15 分鐘，將烤盤調頭，再烤 5 分鐘，出爐後倒扣放涼即可。

法式杏仁彼士裘依海綿蛋糕

🎁 製作份量　**約30g×12 杯**　🕐 最佳賞味　**冷藏 4 天**

材 料

無鹽奶油	15g	全蛋	125g
糖粉	60g	蛋白	100g
低筋麵粉	25g	細砂糖	45g
杏仁粉	75g	烤熟杏仁角	35g

1

無鹽奶油放入鋼盆，隔熱水加熱融化，備用。

2

糖粉＋低筋麵粉，混合過篩到鋼盆中，加入杏仁粉。

3

拌勻，加入全蛋，用打蛋器攪勻。

4

準備一個鋼盆，裡面放 1/3 高度的冷水，放入作法 3 的鋼盆，開火隔水加熱，持手提電動打蛋器，以同方向最快速打 2 分鐘。

5

熄火，繼續打 1 分 30 秒（總共打 3 分 30 秒），離開熱水。

6

取乾淨鋼盆放入蛋白，持手提電動打蛋器，以同方向最快速打 20 秒，加入細砂糖。

7

再用同方向最快速，攪拌 1 分 50 秒，攪打時間共約 2 分 10 秒，打到乾性發泡。

8

取作法 7 打發的蛋白，分 3 次加入打發的作法 5 全蛋糊中拌勻成麵糊。

9

取少量作法 8 麵糊與作法 1 融化的無鹽奶油拌勻。

10

再將作法 9 奶油糊倒回作法 8 麵糊中拌勻。

11

加入烤熟杏仁角，拌勻，灌入小烤模。

12

撒上少許烤熟杏仁角後輕敲，放進烤箱以上火 170℃／下火 170℃，烤焙 15 分鐘，將烤盤調頭，再烤 5 分鐘，出爐倒扣放涼即可。

法式核桃彼士裘依海綿蛋糕

🎁 製作份量 **約 30g×12 杯**　🕐 最佳賞味 **冷藏 4 天**

材料

無鹽奶油	15g	全蛋	100g
烤熟核桃	55g	蛋白	70g
糖粉	40g	細砂糖	30g
低筋麵粉	20g	烤熟核桃碎	50g

作法

1

無鹽奶油放入鋼盆,隔熱水加熱融化,備用。

2

烤熟核桃放入磨粉機,磨成核桃粉,備用。

3

糖粉＋低筋麵粉,混合過篩到鋼盆中,加入作法 2 核桃粉,拌勻。

4

加入全蛋,用打蛋器攪勻。

5

準備一個鋼盆,裡面放1/3高度的冷水,放入作法 4 的鋼盆,開火隔水加熱,持手提電動打蛋器,以同方向最快速打 2 分鐘。

6

熄火,繼續打1分30秒(總共打 3 分 30 秒),取出鋼盆離開熱水。

7

取乾淨鋼盆放入蛋白,持手提電動打蛋器,以同方向最快速打 20 秒,加入細砂糖。

8

再用同方向最快速,攪拌 1 分 40 秒,總共攪打時間約為 2 分鐘,打到乾性發泡。

9

取作法 8 打發的蛋白,分 3 次加入打發的作法 6 全蛋糊中拌勻成麵糊。

10

取少量作法 9 麵糊與作法 1 融化的無鹽奶油拌勻。

11

將作法 10 奶油糊倒回作法 9 麵糊中拌勻,加入烤熟核桃碎,拌勻,灌入小烤模。

12

撒少許烤熟核桃碎後輕敲,放進烤箱以上火170℃／下火170℃,烤焙15分鐘,將烤盤調頭,再烤 5 分鐘,出爐後倒扣放涼即可。

法式榛果彼士裘依海綿蛋糕

🎁 製作份量 **約 30g×12 杯**　🕐 最佳賞味 **冷藏 4 天**

材料

糖粉	70g	蛋黃	25g
低筋麵粉	55g	蛋白	90g
榛果粉	70g	香草糖	50g
全蛋	70g	烤熟榛果	35g

作法

1

烤熟榛果用刀背壓碎。

2

糖粉＋低筋麵粉，混合過篩到鋼盆中，加入榛果粉拌勻，加入全蛋及蛋黃，用打蛋器攪勻。

3

準備一個鋼盆，裡面放 1/3 高度的冷水，放入作法 2 的鋼盆，開火隔水加熱，持手提電動打蛋器，以同方向最快速打 2 分鐘。

4

熄火，繼續打 1 分 30 秒（總共打 3 分 30 秒），取出鋼盆離開熱水。

5

取乾淨鋼盆放入蛋白，持手提電動打蛋器，以同方向最快速打 20 秒，加入香草糖。

6

用同方向最快速，攪拌 2 分 10 秒，攪打時間共約 2 分 30 秒，打到乾性發泡。

7

取作法 6 打發的蛋白，分 3 次加入打發的作法 4 全蛋糊中拌勻成麵糊。

8

加入烤熟榛果碎，拌勻，灌入小烤模。

9

表面撒上少許烤熟榛果碎後輕敲，放進烤箱以上火 170℃／下火 170℃，烤焙 15 分鐘，將烤盤調頭，再烤 5 分鐘，出爐倒扣放涼即可。

法式開心果鳩康地海綿蛋糕

🎁 製作份量　**約30g×12杯**　🕐 最佳賞味　**冷藏 4 天**

材料

開心果	15g	蛋黃	70g
無鹽奶油	35g	細砂糖 A	35g
低筋麵粉	15g	蛋白	75g
玉米粉	15g	細砂糖 B	35g

作法

1

開心果放入磨粉機，磨成粉末狀，備用。

2

無鹽奶油放入鋼盆，隔熱水加熱融化，備用。

3

低筋麵粉＋玉米粉，混合過篩到鋼盆中，加入開心果粉拌勻。

4

蛋黃＋細砂糖 A，加入作法3 鋼盆中，用打蛋器攪勻。

5

準備一個鋼盆，裡面放 1/3 高度的冷水，放入作法4 的鋼盆，開火隔水加熱，持手提電動打蛋器，以同方向最快速打 3 分鐘，離開熱水。

6

另取乾淨鋼盆放入蛋白，持手提電動打蛋器，以同方向最快速打 20 秒，加入細砂糖 B。

7

再用同方向最快速，攪拌 2 分鐘。

8

總共攪打時間約為 2 分 20 秒，打到乾性發泡。

9

取作法8 打發的蛋白，分 3 次加入打發的作法5 全蛋糊中拌勻成麵糊。

10

取少量作法9 麵糊與作法2 融化的無鹽奶油拌勻。

11

再將作法10 奶油糊倒回作法9 麵糊中拌勻。

11
灌入小烤模，放進烤箱以上火 170℃／下火 170℃，烤焙 15 分鐘，將烤盤調頭，再烤 5 分鐘，出爐後倒扣放涼即可。

香草戚風蛋糕

製作份量　**約 8 吋 ×1 個**　　最佳賞味　**冷藏 4 天**

材料

蛋黃	70g	低筋麵粉	100g
鮮奶	70g	蛋白	140g
沙拉油	80g	香草糖 B	50g
香草糖 A	40g		

想提升香草戚風蛋糕風味，可刮出一根香草莢中的香草籽，在作法1中一起攪拌均勻，烤出來的蛋糕香草味會更濃郁。

作法

1

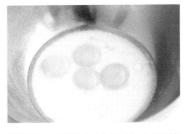

蛋黃＋鮮奶＋沙拉油＋香草糖 A 混合，用打蛋器攪勻。

2

分 3 次加入過篩低筋麵粉，輕輕的、快速的攪勻。

3

拌勻成蛋黃糊，備用。

4

蛋白放入乾淨的鋼盆中，持手提電動打蛋器，以同方向最快速打 20 秒。

5

加入香草糖 B，再用同方向最快速，攪拌 2 分鐘，打到濕性發泡 9 分發。

6

改以慢速攪拌 30 秒（把氣泡切細）。

7

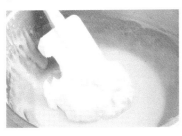

打發的作法 6 蛋白糖分 3 次加入蛋黃糊中。

8

用刮刀輕輕、快速的拌勻。

9

倒入 8 吋的模型中，表面抹平，輕敲一下，放進烤箱以上火 180℃／下火 160℃，烤焙 30 分鐘，將烤盤調頭，再烤 5 分鐘，確認烤熟後出爐，輕敲一下釋放蛋糕中多餘的氣體，倒扣到涼架上，冷卻後脫模即可。

瑞士蓮苦甜巧克力戚風

製作份量　**約 8 吋 ×1 個**　最佳賞味　**冷藏 4 天**

材料

瑞士蓮 100% 調溫苦甜巧克力	50g	蛋黃	70g	低筋麵粉	80g
沙拉油	50g	鮮奶	50g	蛋白	140g
可可粉	10g	細砂糖 A	50g	細砂糖 B	60g

作法

1

瑞士蓮 100% 調溫苦甜巧克力放入小鋼盆，隔水加熱至融化。

2

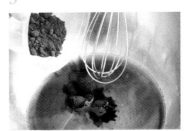

沙拉油加熱到 40℃（出現油紋）。

3

篩入可可粉，用打蛋器攪拌均勻。

4

加入作法 *1* 融化的苦甜巧克力，拌勻。

5

蛋黃＋鮮奶＋細砂糖 A 混合，倒入作法 *4* 中，拌勻。

6

分 3 次加入過篩低筋麵粉，輕輕的、快速的攪拌。

7

拌勻成可可蛋黃糊，備用。

8

蛋白放入乾淨的鋼盆中，持手提電動打蛋器，以同方向最快速打 20 秒。

9

加入細砂糖 B，再用同方向最快速，攪拌 2 分鐘，打到濕性發泡 9 分發。

10

改以慢速攪拌 30 秒（把氣泡切細）。

11

打發的作法 *10* 蛋白糖分 3 次加入可可蛋黃糊中，用刮刀輕輕的、快速的拌勻，倒入 8 吋的模型中，抹平。

12

輕敲一下，放進烤箱以上火 180℃／下火 160℃，烤焙 30 分鐘，將烤盤調頭，再烤 5 分鐘，確認烤熟後出爐，輕敲一下釋放蛋糕中多餘的氣體，倒扣到涼架上，冷卻後脫模即可。

曼特寧咖啡戚風

製作份量　**約 8 吋 ×1 個**　　最佳賞味　**冷藏 4 天**

材料

沙拉油	60g	細砂糖 A	50g	低筋麵粉	80g
動物性鮮奶油	40g	蛋黃	70g	烤熟榛果碎	50g
鮮奶	30g	蛋白	140g		
曼特寧即溶咖啡粉	20g	細砂糖 B	60g		

54

曼特寧即溶咖啡粉可替換成其他風味的即溶咖啡粉，如果想使用現磨咖啡粉，則須在作法 1 加熱冷卻後，以濾網濾除咖啡渣。

作法

1

沙拉油＋動物性鮮奶油＋鮮奶混合，加熱到 40℃，加入曼特寧即溶咖啡粉融勻，降溫到室溫。

2

加入細砂糖 A 和蛋黃，用打蛋器拌勻。

3

分 3 次加入過篩低筋麵粉，輕輕的、快速的攪勻成咖啡蛋黃糊，備用。

4

蛋白放入乾淨的鋼盆中，持手提電動打蛋器，以同方向最快速打 20 秒。

5

加入細砂糖 B，再用同方向最快速，攪拌 2 分鐘，打到濕性發泡 9 分發。

6

改以慢速攪拌 30 秒（把氣泡切細）。

7

打發的作法 6 蛋白糖分 3 次加入咖啡蛋黃糊中。

8

用刮刀輕輕的、快速的拌勻，加入烤熟榛果碎，拌勻，倒入 8 吋的模型中。

9

抹平後輕敲一下，放進烤箱以上火 180℃／下火 160℃，烤焙 30 分鐘，將烤盤調頭，再烤 5 分鐘，確認烤熟後出爐，輕敲一下釋放蛋糕中多餘氣體，倒扣到涼架上，冷卻後脫模即可。

焦糖戚風蛋糕

製作份量　**約 8 吋 ×1 個**　最佳賞味　**冷藏 4 天**

材料

動物性鮮奶油	150g	鮮奶	20g	細砂糖	50g
香草糖	50g	低筋麵粉	100g	蜜核桃碎	50g
蛋黃	70g	蛋白	140g		

作法

1

動物性鮮奶油加熱到80℃，隔熱水保溫，備用。

2

香草糖煮至呈現深褐色的滾沸狀態。

3

沖入溫熱的動物性鮮奶油。

4

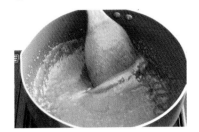

用木匙拌勻成焦糖。

5

蛋黃＋鮮奶拌勻，倒入作法4焦糖，拌勻，降溫到室溫。

6

作法5分3次倒入已過篩低筋麵粉中，輕輕、快速的攪勻成焦糖蛋黃糊，備用。

7

蛋白放入乾淨的鋼盆中，持手提電動打蛋器，以同方向最快速打20秒。

8

加入細砂糖，再用同方向最快速，攪拌2分鐘，打到濕性發泡9分發。

9

改以慢速攪拌30秒（把氣泡切細）。

10

打發的作法9蛋白糖分3次加入焦糖蛋黃糊中。

11

用刮刀輕輕的、快速的拌勻，加入蜜核桃碎，拌勻，倒入8吋的模型中。

12

抹平後輕敲一下，放進烤箱以上火180℃／下火160℃，烤焙30分鐘，將烤盤調頭，再烤5分鐘，確認烤熟後出爐，輕敲一下釋放蛋糕中多餘氣體，倒扣到涼架上，冷卻後脫模即可。

草莓戚風蛋糕

製作份量　**約 8 吋 ×1 個**　　最佳賞味　**冷藏 4 天**

材料

乾燥草莓果乾	50g	沙拉油	50g	低筋麵粉 B	95g
低筋麵粉 A	5g	新鮮草莓果泥	100g	蛋白	140g
蛋黃	70g	細砂糖 A	50g	細砂糖 B	50g

58

作法

1

乾燥草莓果乾切碎，加入低筋麵粉 A 拌勻，備用。

2

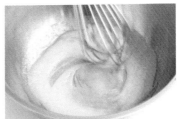

蛋黃＋沙拉油，拌勻。

3

加入新鮮草莓果泥，拌勻。

4

再加入細砂糖 A，用打蛋器攪打至細砂糖融化。

5

分 3 次加入過篩低筋麵粉 B，輕輕的、快速的拌勻成草莓蛋黃糊，備用。

6

蛋白放入乾淨的鋼盆中，持手提電動打蛋器，以同方向最快速打 20 秒。

7

加入細砂糖 B，再用同方向最快速，攪拌 2 分鐘，打到濕性發泡 9 分發。

8

改以慢速攪拌 30 秒（把氣泡切細）。

9

打發的作法 8 蛋白糖分 3 次加入草莓蛋黃糊中。

10

用刮刀輕輕、快速的拌勻。

11

加入作法 1 乾燥草莓果乾切碎，拌勻，倒入 8 吋模型中。

12

抹平後輕敲一下，放進烤箱以上火 180℃／下火 160℃，烤焙 30 分鐘，將烤盤調頭，再烤 5 分鐘，確認烤熟後出爐，輕敲一下釋放蛋糕中多餘氣體，倒扣到涼架上，冷卻後脫模即可。

芒果戚風蛋糕

🎁 製作份量　**約 8 吋 ×1 個**　🕐 最佳賞味　**冷藏 4 天**

材料

乾燥芒果果乾	50g	沙拉油	50g	低筋麵粉 B	95g
低筋麵粉 A	5g	新鮮芒果果泥	100g	蛋白	140g
蛋黃	70g	細砂糖 A	40g	細砂糖 B	50g

作法

1

乾燥芒果果乾切碎。

2

將芒果果乾碎＋低筋麵粉A，拌勻備用。

3

蛋黃＋沙拉油，拌勻。

4

加入新鮮芒果果泥，拌勻。

5

再加入細砂糖A，用打蛋器攪打至細砂糖融化。

6

分3次加入過篩低筋麵粉B，輕輕的、快速的拌勻成芒果蛋黃糊，備用。

7

蛋白放入乾淨的鋼盆中，持手提電動打蛋器，以同方向最快速打20秒。

8

加入細砂糖B，再用同方向最快速，攪拌2分鐘，打到濕性發泡9分發。

9

改以慢速攪拌30秒（把氣泡切細）。

10

打發的作法9蛋白糖分3次加入芒果蛋黃糊中，用刮刀輕輕的、快速的拌勻。

11

加入作法2乾燥芒果果乾碎，拌勻，倒入8吋模型中。

12

抹平後輕敲一下，放進烤箱以上火180℃／下火160℃，烤焙30分鐘，將烤盤調頭，再烤5分鐘，確認烤熟後出爐，輕敲一下釋放蛋糕中多餘氣體，倒扣到涼架上，冷卻後脫模即可。

鳳梨戚風蛋糕

製作份量　**約 8 吋 ×1 個**　最佳賞味　**冷藏 4 天**

材料

新鮮鳳梨果肉	80g	沙拉油	50g	細砂糖	50g
二砂糖	40g	低筋麵粉	100g		
蛋黃	70g	蛋白	140g		

新鮮鳳梨含有豐富的酵素成份，會影響烤焙時的膨脹度，作法 3 先將鳳梨果泥加熱過，就可以破壞酵素，有利於蛋糕膨脹。

作法

1

新鮮鳳梨果肉放入調理機打成果泥。

2

鳳梨果泥＋二砂糖，一起倒入鍋中。

3

加熱煮滾，熄火降溫到 60℃，備用。

4

蛋黃＋沙拉油拌勻，倒入作法 3 鳳梨果泥，用打蛋器拌勻。

5

分 3 次加入過篩低筋麵粉，輕輕的、快速的拌勻成鳳梨蛋黃糊，備用。

6

蛋白放入乾淨的鋼盆中，持手提電動打蛋器，以同方向最快速打 20 秒，加入細砂糖，再用同方向最快速，攪拌 2 分鐘，打到濕性發泡 9 分發。

7

改以慢速攪拌 30 秒（把氣泡切細）。

8

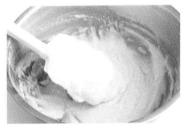

打發的作法 7 蛋白糖分 3 次加入鳳梨蛋黃糊中，用刮刀輕輕的、快速的拌勻，倒入 8 吋的模型中。

9

抹平後輕敲一下，放進烤箱以上火 180℃／下火 160℃，烤焙 30 分鐘，將烤盤調頭，再烤 5 分鐘，確認烤熟後出爐，輕敲一下釋放蛋糕中多餘氣體，倒扣到涼架上，冷卻後脫模即可。

百香果戚風蛋糕

製作份量　**約 8 吋 ×1 個**　　最佳賞味　**冷藏 4 天**

材料

濃縮百香果醬	40g	沙拉油	70g	蛋白	140g
水	30g	細砂糖 A	60g	細砂糖 B	50g
蛋黃	70g	低筋麵粉	100g		

濃縮的百香果醬也可以替換成其他口味的果醬，例如：葡萄果醬、草莓果醬或者柑橘果醬等。

作法

1

濃縮百香果醬＋水，調勻備用。

2

蛋黃＋沙拉油拌勻，倒入作法 *1* 百香果醬，用打蛋器攪勻。

3

再加入細砂糖 A，用打蛋器攪打至細砂糖融化。

4

分 3 次加入過篩低筋麵粉，輕輕的、快速的拌勻成百香果蛋黃糊，備用。

5

蛋白放入乾淨的鋼盆中，持手提電動打蛋器，以同方向最快速打 20 秒。

6

加入細砂糖 B，再用同方向最快速，攪拌 2 分鐘，打到濕性發泡 9 分發。

7

改以慢速攪拌 30 秒（把氣泡切細）。

8

打發的作法 *7* 蛋白糖分 3 次加入百香果蛋黃糊中，用刮刀輕輕的、快速的拌勻，倒入 8 吋的模型中。

9

抹平後輕敲一下，放進烤箱以上火 180℃／下火 160℃，烤焙 30 分鐘，將烤盤調頭，再烤 5 分鐘，確認烤熟後出爐，輕敲一下釋放蛋糕中多餘氣體，倒扣到涼架上，冷卻後脫模即可。

法式橘香戚風

🎁 製作份量　**約 8 吋 ×1 個**　🕐 最佳賞味　**冷藏 4 天**

材料

蛋黃	70g	細砂糖 A	50g	細砂糖 B	50g
沙拉油	50g	低筋麵粉	100g	法式橘子皮丁	50g
天然冷凍橘子果泥	100g	蛋白	140g		

Tips

天然冷凍橘子果泥可以替換成
其他市售天然冷凍果泥口味，
例如：綜合熱帶水果果泥、櫻
桃果泥、黑莓果泥等等。

作 法

1

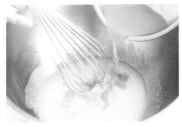

蛋黃＋沙拉油拌勻，倒入橘
子果泥，用打蛋器攪勻。

2

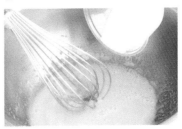

加入細砂糖 A，用打蛋器攪
打至細砂糖融化。

3

分 3 次加入過篩低筋麵粉，
輕輕的、快速的拌勻成橘香
蛋黃糊，備用。

4

蛋白放入乾淨的鋼盆中，持
手提電動打蛋器，以同方向
最快速打 20 秒。

5

加入細砂糖 B，再用同方向
最快速，攪拌 2 分鐘，打到
濕性發泡 9 分發。

6

改以慢速攪拌 30 秒（把氣
泡切細）。

7

打發的作法 6 蛋白糖分 3 次
加入橘香蛋黃糊中，用刮刀
輕輕的、快速的拌勻。

8

加入法式橘子皮丁，拌勻，
倒入 8 吋的模型中。

9

表面抹平，輕敲一下，放
進烤箱以上火 180℃／下火
160℃，烤焙 30 分鐘，將
烤盤調頭，再烤 5 分鐘，確
認烤熟後出爐，輕敲一下釋
放蛋糕中多餘氣體，倒扣到
涼架上，冷卻後脫模即可。

藍莓鮮果戚風

製作份量 **約 8 吋 ×1 個**　最佳賞味 **冷藏 4 天**

材料

新鮮藍莓	100g	細砂糖 A	40g	細砂糖 B	50g
蛋黃	70g	低筋麵粉	100g	乾燥藍莓果乾	50g
沙拉油	50g	蛋白	140g		

作法

1

新鮮藍莓放入調理機打成果泥。

2

蛋黃＋沙拉油，拌勻。

3

加入新鮮藍莓果泥，拌勻。

4

再加入細砂糖 A，用打蛋器攪打至細砂糖融化。

5

分 3 次加入過篩低筋麵粉，輕輕的、快速的拌勻成藍莓蛋黃糊，備用。

6

蛋白放入乾淨的鋼盆中，持手提電動打蛋器，以同方向最快速打 20 秒。

7

加入細砂糖 B，再用同方向最快速，攪拌 2 分鐘。

8

打到濕性發泡 9 分發。

9

改以慢速攪拌 30 秒（把氣泡切細）。

10

打發的作法 9 蛋白糖分 3 次加入藍莓蛋黃糊中，用刮刀輕輕的、快速的拌勻。

11

加入乾燥藍莓果乾，拌勻，倒入 8 吋的模型中。

12

抹平後輕敲一下，放進烤箱以上火 180℃／下火 160℃，烤焙 30 分鐘，將烤盤調頭，再烤 5 分鐘，確認烤熟後出爐，輕敲一下釋放蛋糕中多餘氣體，倒扣到涼架上，冷卻後脫模即可。

紅酒蔓越莓戚風

🎁 製作份量　**約 8 吋 ×1 個**　🕐 最佳賞味　**冷藏 4 天**

材料

乾燥蔓越莓果乾	50g	沙拉油	70g	低筋麵粉	100g
法國諾曼地紅酒	25g	蔓越莓果汁	80g	蛋白	140g
蛋黃	70g	細砂糖 A	40g	細砂糖 B	50g

法國諾曼地紅酒也可以替換成香橙干邑白蘭地，浸泡出來的蔓越莓果乾味道會更香！

作 法

1

乾燥蔓越莓果乾切碎，倒入法國諾曼地紅酒浸泡一晚，濾出多餘的紅酒，備用。

2

蛋黃＋沙拉油拌勻，倒入蔓越莓果汁，拌勻。

3

加入細砂糖 A，用打蛋器攪打至細砂糖融化。

4

分 3 次加入過篩低筋麵粉，輕輕的、快速的拌勻成蔓越莓蛋黃糊，備用。

5

蛋白放入乾淨的鋼盆中，持手提電動打蛋器，以同方向最快速打 20 秒，加入細砂糖 B，再用同方向最快速，攪拌 2 分鐘，打到濕性發泡9 分發。

6

改以慢速攪拌 30 秒（把氣泡切細）。

7

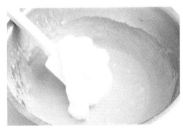

打發的作法 6 蛋白糖分 3 次加入蔓越莓蛋黃糊中，用刮刀輕輕的、快速的拌勻。

8

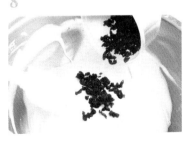

加入作法 1 酒漬蔓越莓果，拌勻，倒入 8 吋的模型中。

9

抹 平 後 輕 敲 一 下，放 進烤箱以上火 180℃／下火160℃，烤焙 30 分鐘，將烤盤調頭，再烤 5 分鐘，確認烤熟後出爐，輕敲一下釋放蛋糕中多餘氣體，倒扣到涼架上，冷卻後脫模即可。

南瓜鄉村戚風

🎁 製作份量　**約8吋 ×1個**　🕐 最佳賞味　**冷藏 4 天**

材料

蒸熟南瓜	100g	細砂糖 A	40g	細砂糖 B	50g
蛋黃	70g	低筋麵粉	100g		
沙拉油	70g	蛋白	140g		

Tips

材料中的蒸熟南瓜泥也可以用地瓜泥或者芋泥替代，就能做出地瓜戚風或者芋頭戚風了！

作法

1

南瓜去皮、去籽，以刨絲器刨成絲，放入電鍋中，外鍋倒入一杯水，蒸熟，壓成南瓜泥，放涼備用。

2

蛋黃＋沙拉油拌勻，加入作法 1 南瓜泥，拌勻。

3

再加入細砂糖 A，用打蛋器攪打至細砂糖融化。

4

分 3 次加入過篩低筋麵粉，輕輕的、快速的拌勻成南瓜蛋黃糊，備用。

5

蛋白放入乾淨的鋼盆中，持手提電動打蛋器，以同方向最快速打 20 秒。

6

加入細砂糖 B，再用同方向最快速，攪拌 2 分鐘，打到濕性發泡 9 分發。

7

改以慢速攪拌 30 秒（把氣泡切細）。

8

打發的作法 7 蛋白糖分 3 次加入南瓜蛋黃糊中，用刮刀輕輕的、快速的拌勻，倒入 8 吋的模型中。

9

抹平後輕敲一下，放進烤箱以上火 180℃／下火 160℃，烤焙 30 分鐘，將烤盤調頭，再烤 5 分鐘，確認烤熟後出爐，輕敲一下釋放蛋糕中多餘氣體，倒扣到涼架上，冷卻後脫模即可。

日式抹茶紅豆戚風

製作份量　**約 8 吋 ×1 個**　最佳賞味　**冷藏 4 天**

材料

蜜紅豆粒	60g	蛋黃	70g	低筋麵粉 B	80g
低筋麵粉 A	5g	水	80g	蛋白	210g
沙拉油	80g	細砂糖 A	40g	細砂糖 B	75g
抹茶粉	20g				

作法

1

蜜紅豆粒＋低筋麵粉 A，拌勻備用。

2

沙拉油加熱到 40℃（出現油紋）。

3

篩入抹茶粉，用打蛋器拌勻，放涼備用。

4

蛋黃＋水拌勻，倒入作法 *3* 抹茶油，拌勻。

5

再加入細砂糖 A，用打蛋器攪打至細砂糖融化。

6

分 3 次加入過篩低筋麵粉 B，輕輕的、快速的拌勻成抹茶蛋黃糊，備用。

7

蛋白放入乾淨的鋼盆中，持手提電動打蛋器，以同方向最快速打 20 秒，加入細砂糖 B。

8

用同方向最快速，攪拌 2 分鐘，打到濕性發泡 9 分發。

9

改以慢速攪拌 30 秒（把氣泡切細）。

10

打發的作法 *9* 蛋白糖分 3 次加入抹茶蛋黃糊中，用刮刀輕輕的、快速的拌勻。

11

加入作法 *1* 蜜紅豆粒，拌勻，倒入 8 吋的模型中。

12

抹平後輕敲一下，放進烤箱以上火180℃／下火160℃，烤焙 30 分鐘，將烤盤調頭，再烤 5 分鐘，確認烤熟後出爐，輕敲一下釋放蛋糕中多餘氣體，倒扣到涼架上，冷卻後脫模即可。

花生戚風蛋糕

製作份量　**約 8 吋 ×1 個**　　最佳賞味　**冷藏 4 天**

材 料

熟去皮花生粒 A	70g	細砂糖 A	40g	蛋白	140g
花生油	60g	低筋麵粉	70g	細砂糖 B	50g
蛋黃	70g	花生粉	10g	熟去皮花生粒 B	50g
鮮奶	40g				

作法

1

熟去皮花生粒 A 放入調理機打成無糖花生醬，備用。

2

花生油加熱到 40℃（出現油紋），加入無糖花生醬，拌勻，降溫到室溫，備用。

3

蛋黃＋鮮奶混合，倒入作法 2 花生油，拌勻。

4

加入細砂糖 A，用打蛋器攪打至細砂糖融化。

5

分 3 次加入過篩的低筋麵粉，拌勻。

6

再加入花生粉，輕輕、快速的拌勻成花生蛋黃糊。

7

蛋白放入乾淨的鋼盆中，持手提電動打蛋器，以同方向最快速打 20 秒。

8

加入細砂糖 B，再用同方向最快速，攪拌 2 分鐘，打到濕性發泡 9 分發。

9

改以慢速攪拌 30 秒（把氣泡切細）。

10

打發的作法 9 蛋白糖分 3 次加入花生蛋黃糊中，用刮刀輕輕的、快速的拌勻。

11

加入切碎的熟去皮花生粒 B，拌勻，倒入 8 吋模型中。

12

抹平後輕敲一下，放進烤箱以上火 180℃／下火 160℃，烤焙 30 分鐘，將烤盤調頭，再烤 5 分鐘，確認烤熟後出爐，輕敲一下釋放蛋糕中多餘氣體，倒扣到涼架上，冷卻後脫模即可。

高鈣黑芝麻戚風

製作份量　**約 8 吋 ×1 個**　　最佳賞味　**冷藏 4 天**

材 料

沙拉油	80g	細砂糖 A	40g	蛋白	140g
蛋黃	70g	低筋麵粉	70g	細砂糖 B	50g
鮮奶	40g	無糖黑芝麻粉	30g		

黑芝麻在所有堅果中鈣質含量最高，把黑芝麻磨成粉做成戚風蛋糕，不但香氣非常濃郁，也有助於鈣質吸收。

作法

1

沙拉油＋蛋黃＋鮮奶混合，用打蛋器攪勻。

2

加入細砂糖 A，用打蛋器攪打至細砂糖融化。

3

分 3 次加入混合過篩的低筋麵粉＋無糖黑芝麻粉，輕輕的、快速的拌勻成黑芝麻蛋黃糊，備用。

4

蛋白放入乾淨的鋼盆中，持手提電動打蛋器，以同方向最快速打 20 秒，加入細砂糖 B。

5

繼續用同方向最快速攪拌。

6

持續打 2 分鐘，打到濕性發泡 9 分發。

7

改以慢速攪拌 30 秒（把氣泡切細）。

8

打發的作法 7 蛋白糖分 3 次加入黑芝麻蛋黃糊中，用刮刀輕輕的、快速的拌勻，倒入 8 吋的模型中。

9

抹平後輕敲一下，放進烤箱以上火 180℃／下火 160℃，烤焙 30 分鐘，將烤盤調頭，再烤 5 分鐘，確認烤熟後出爐，輕敲一下釋放蛋糕中多餘氣體，倒扣到涼架上，冷卻後脫模即可。

香蕉奶油蛋糕

🎁 最佳份量　**50g×14 杯**　🕐 最佳賞味　**常溫 3 天**

材料

香蕉	2 根	鮮奶	100g
無鹽奶油	150g	低筋麵粉	235g
香草糖	100g	無鋁泡打粉	7g
全蛋	80g	小蘇打粉	3g

1

香蕉一根切丁；另一根壓成泥，備用。

2

無鹽奶油回軟，放入鋼盆。

3

用手提電動打蛋器，以同方向最快速打 5 分鐘至膨發（每 2 分鐘需停機，刮缸一次）。

4

加入香草糖，用橡皮刮刀稍微拌勻。

5

用手提電動打蛋器快速打 5 分鐘（每 2 分鐘需停機，刮缸一次）。

6

分次加入全蛋，用手提電動打蛋器快速打發，約 3 分鐘（中途停機刮缸一次）。

7

分次倒入鮮奶，用手提電動打蛋器以慢速打勻後，改快速打 1 分鐘。

8

加入香蕉泥。

9

用手提電動打蛋器快速打 1 分鐘，打勻。

10

篩入低筋麵粉＋無鋁泡打粉＋小蘇打粉，用橡皮刮刀稍微拌勻。

11

再加入香蕉丁，拌勻成香蕉麵糊，填入烤模中。

12

表面抹平，放進烤箱以上火 170℃／下火 170℃，烤 25 分鐘，將烤盤調頭，再烤 5 分鐘，出爐後放涼即可。

大理石奶油蛋糕

🎁 製作份量 **50g×14 杯**   🕐 賞味官味 **常溫 3 天**

材 料

【原味麵糊】		細砂糖	130g	【巧克力麵糊】	
無鹽奶油	165g	鹽	3g	可可粉	10g
低筋麵粉	165g	全蛋	140g	小蘇打粉	1g
小蘇打粉	2g	鮮奶	40g	熱開水	15g
				原味麵糊	120g

82

1 【原味麵糊】

無鹽奶油回軟，放入鋼盆，用手提電動打蛋器，以同方向最快速打至膨發，約 5 分鐘（每 2 分鐘需停機，刮缸一次）。

2

篩入低筋麵粉＋小蘇打粉，用橡皮刮刀稍微拌勻。

3

再用手提電動打蛋器快速打 5 分鐘（每 2 分鐘需停機，刮缸一次）。

4

加入細砂糖＋鹽，用橡皮刮刀稍微拌勻。

5

再用手提電動打蛋器快速打 5 分鐘（每 2 分鐘需停機，刮缸一次）。

6

分次加入全蛋。

7

用手提電動打蛋器快速打 3 分鐘（中途停機刮缸一次）。

8

分次倒入鮮奶，用手提電動打蛋器慢速打 1 分鐘，完成原味麵糊。

9 【巧克力麵糊】

可可粉＋小蘇打粉混合過篩，加入熱開水中拌勻成可可膏。

10

取 120g 作法 8 原味麵糊，加入可可膏中，拌勻成巧克力麵糊。

11 【組合】

烤模先填入 20g 原味麵糊，再填入 10g 巧克力麵糊。

12

再填入 20g 原味麵糊，抹平，放進烤箱以上火 170℃／下火 170℃，烤焙 20 分鐘，將烤盤調頭，再烤 5～10 分鐘，出爐放涼即可。

黑糖桂圓蛋糕

🎁 適合 擺放　**60g×12 杯**　🕐 最佳 賞味　**常溫 3 天**

材 料

桂圓肉	100g	細砂糖	50g	奶粉	10g
養樂多	1 瓶	黑糖	90g	小蘇打粉	2g
蔓越莓果乾	30g	鹽	3g	核桃碎	85g
蘭姆酒	10g	全蛋	170g		
無鹽奶油	200g	低筋麵粉	230g		

1

桂圓肉＋養樂多，稍微浸泡
至微軟後瀝乾，備用。

2

蔓越莓果乾＋蘭姆酒，浸泡
約 10 分鐘，備用。

3

無鹽奶油回軟，放入鋼盆，
用手提電動打蛋器，以同方
向最快速攪打。

4

打至膨發，約 8 分鐘（每 2
分鐘需停機，刮缸一次）。

5

加入細砂糖、黑糖以及鹽。

6

用橡皮刮刀稍微拌勻。

7

用手提電動打蛋器快速打
發，約 8 分鐘（每 2 分鐘
需停機，刮缸一次）。

8

分 3 次加入全蛋。

9

用手提電動打蛋器快速打
發 3 分鐘（中途停機刮缸一
次）。

10

混合低筋麵粉＋奶粉＋小蘇
打粉，篩入作法　鋼盆中，
用橡皮刮刀拌勻。

11

加入桂圓肉和蔓越莓果乾，
拌勻，將麵糊填入烤模。

12

撒上核桃碎，放進烤箱以上
火 170℃／下火 170℃，烤
25 分鐘，將烤盤調頭，再
烤 5 分鐘，出爐放涼即可。

英式什錦水果蛋糕

🎁 130g×4 個　　🕐 常溫 3 天

材料

【蛋糕體】						
綜合水果乾	120g	蘭姆酒	20g	中筋麵粉	100g	
去籽黑李乾	20g	無鹽奶油	70g	無鋁泡打粉	4g	
櫻桃果乾	40g	糖粉	60g	杏仁片	30g	
		全蛋	120g	【裝飾】		
				鏡面果膠	30g	
				蘭姆酒	5g	

作法

1 【蛋糕體】

綜合水果乾＋去籽黑李乾＋櫻桃果乾放入鋼盆混合，倒入蘭姆酒，浸泡約 10 分鐘，備用。

2

無鹽奶油回軟，放入鋼盆，用手提電動打蛋器快速打至膨發，約 3 分鐘（中途停機刮缸一次）。

3

篩入糖粉。

4

用手提電動打蛋器快速打發，約 3 分鐘（中途停機刮缸一次）。

5

分 2 次加入全蛋，用手提電動打蛋器快速打發，約打發 2 分鐘。

6

混合中筋麵粉＋無鋁泡打粉，篩入作法 鋼盆中，用橡皮刮刀拌勻。

7

加入作法 綜合酒漬果乾，拌勻。

8

將麵糊填入烤模，表面抹平，撒上杏仁片，杏仁片上噴少許水，放進烤箱以上火 170℃／下火 170℃，烤焙 20 ～ 25 分鐘，出爐。

9 【裝飾】

鏡面果膠＋蘭姆酒混勻，趁熱刷在剛出爐的蛋糕體上即可。

腰果奶油蛋糕

材料

無鹽奶油	200g	細砂糖	180g	鮮奶	50g
低筋麵粉	200g	鹽	4g	腰果	100g
小蘇打粉	2g	全蛋	175g		

1

無鹽奶油回軟，放入鋼盆。

2

用手提電動打蛋器，以同方向最快速打 5 分鐘至膨發（每 2 分鐘需停機，刮缸一次）。

3

篩入低筋麵粉＋小蘇打粉，用橡皮刮刀稍微拌勻。

4

再用手提電動打蛋器快速打發 6 分鐘（每 2 分鐘需停機，刮缸一次）。

5

加入細砂糖＋鹽，用橡皮刮刀稍微拌勻。

6

用手提電動打蛋器快速打發 6 分鐘（每 2 分鐘需停機，刮缸一次）。

7

分 4 次加入全蛋。

8

用手提電動打蛋器快速打發，約打發 2 分鐘。

9

慢慢倒入鮮奶，邊倒邊用手提電動打蛋器慢慢打勻。

10

約攪打 1 分鐘。

11

將麵糊填入烤模，抹平。

12

表面鋪上腰果，放進烤箱以上火 170℃／下火 170℃，烤焙 40 ～ 45 分鐘，將烤盤調頭，再烤 5 分鐘，出爐後放涼即可。

德國老奶奶檸檬蛋糕

🎁 50g×12 杯　🕐 常溫 3 天

材料

【蛋糕體】		小蘇打粉	2g	天然香草莢醬	1 小滴
無鹽奶油	130g	細砂糖	130g	新鮮檸檬皮屑	5g
鹽	2g	全蛋	130g	【裝飾】	
高筋麵粉	130g	新鮮檸檬汁	20g	新鮮檸檬汁	20g
				糖粉	100g
				檸檬皮絲	適量

1 【蛋糕體】

無鹽奶油回軟，和鹽一起放入鋼盆。用手提電動打蛋器，以同方向最快速打3分鐘至膨發。

2

篩入高筋麵粉＋小蘇打粉。

3

用橡皮刮刀稍微拌勻。再用手提電動打蛋器快速打發3分鐘。

4

加入細砂糖，用橡皮刮刀稍微拌勻。

5

用手提電動打蛋器快速打發3分鐘。

6

分次加入全蛋。

7

用手提電動打蛋器快速打發，約3分鐘。

8

加入新鮮檸檬汁和天然香草莢醬，用手提電動打蛋器慢速打發。

9

加入新鮮檸檬皮屑，用橡皮刮刀拌勻。

10

將麵糊填入烤模，表面抹平，放進烤箱以上火170℃／下火170℃，烤焙 25～30 分鐘，將烤盤調頭，再烤 5 分鐘，出爐後放涼。

11 【裝飾】

新鮮檸檬汁＋過篩的糖粉，上爐煮到至 60℃。

12

用刷子刷在冷卻的蛋糕體表面，再撒上檸檬皮絲即可。

黃金戚風蛋糕

製作份量 **8 吋 ×1 個**　最佳賞味 **冷藏 4 天**

材料

沙拉油	40g	蛋黃	100g
低筋麵粉	80g	蛋白	190g
細砂糖 A	30g	細砂糖 B	40g
鮮奶	80g		

作法

1

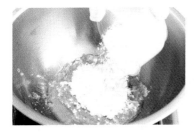

沙拉油以中小火加熱到 40℃（出現油紋），熄火，加入已過篩的低筋麵粉，用打蛋器快速攪拌約 30 秒。

2

加入細砂糖 A，用打蛋器快速攪拌均勻。

3

倒入鮮奶，攪拌均勻。

4

分次加入蛋黃，攪拌均勻成蛋黃糊。

5

蛋白放入乾淨的鋼盆中，持手提電動打蛋器，以同方向最快速打 20 秒。

6

加入細砂糖 B，再用同方向最快速，攪拌 2 分鐘，打到濕性發泡 9 分發。

7

改以慢速攪拌 30 秒（把氣泡切細）。

8

打發的作法 7 蛋白糖分 3 次加入蛋黃糊中，用刮刀輕輕的、快速的拌勻，倒入 8 吋的模型中。

9

表面抹平，輕敲一下，放進烤箱以上火 180℃／下火 160℃，烤焙 30 分鐘，將烤盤調頭，再烤 5 分鐘，確認烤熟後出爐，輕敲一下釋放蛋糕中多餘氣體，倒扣到涼架上，冷卻後脫模即可。

瑞士紅蘿蔔蛋糕

製作份量 **50g×12 杯**　最佳賞味 **冷藏 4 天**

材料

去皮紅蘿蔔	150g	肉桂粉	2g	蛋黃	50g
水	60g	無鹽發酵奶油	45g	蛋白	120g
杏仁粉	160g	二砂糖	40g	細砂糖	50g
玉米粉	50g	鹽	2g		

1

去皮紅蘿蔔＋水，放入調理機打成泥，擠除多餘的水分，備用。

2

杏仁粉＋玉米粉＋肉桂粉，混合過篩。

3

作法 1 ＋作法 2 混合均勻，搓拌成不結團的砂狀。

4

無鹽發酵奶油隔水加熱至融化，加入二砂糖和鹽，攪拌均勻。

5

加入蛋黃，攪拌均勻。

6

將作法 5 蛋黃液分次加入作法 3 中。

7

攪拌均勻成紅蘿蔔糊。

8

蛋白放入乾淨的鋼盆中，持手提電動打蛋器，以同方向最快速打 20 秒。

9

加入細砂糖，再用同方向最快速，攪拌 2 分鐘，打到濕性發泡 9 分發。

10

改以慢速攪拌 30 秒（把氣泡切細）。

11

打發的作法 10 蛋白糖分 3 次加入紅蘿蔔糊中，用刮刀輕輕的、快速的拌勻。

12

灌入小烤模後輕敲，放進烤箱以上火 170℃／下火 170℃，烤焙 15 分鐘，將烤盤調頭，再烤 5 分鐘，出爐後倒扣放涼即可。

零膽固醇天使蛋糕

🎁 製作份量 **8 吋 ×1 個**　🕐 最佳賞味 **冷藏 4 天**

材 料

乾燥草莓果乾	50g	香草糖	170g	鮮奶	25g
低筋麵粉 A	5g	低筋麵粉 B	90g	沙拉油	25g
蛋白	260g	玉米粉	10g	新鮮檸檬汁	10g

作法

1

乾燥草莓果乾切碎，加入低筋麵粉 A 拌勻，備用。

2

蛋白放入乾淨的鋼盆中，持手提電動打蛋器，以同方向最快速打 20 秒。

3

加入香草糖，再用同方向最快速打發。

4

持續攪拌約 3 分鐘，打到濕性發泡 9 分發。

5

低筋麵粉 B ＋玉米粉混合，分 3 次篩入打發的作法 4 蛋白中，拌勻成蛋白糊。

6

鮮奶＋沙拉油＋新鮮檸檬汁，混合調勻，取少許作法 5 蛋白糊，拌勻。

7

將作法 6 再倒回作法 5 蛋白糊中，用刮刀輕輕的、快速的拌勻。

8

加入作法 1 乾燥草莓果乾碎，拌勻，倒入 8 吋模型中。

9

表面抹平，輕敲一下，放進以上火 170℃／下火 170℃ 預熱完畢的烤箱，下火歸零，烤焙 25 分鐘，將烤盤調頭，再烤 5 分鐘，出爐輕敲一下釋放蛋糕中多餘的氣體，倒扣到涼架上，冷卻後脫模即可。

德國黑櫻桃小蛋糕

製作份量 **10g×18 顆**　最佳賞味 **常溫 3 天**

材料

【蛋糕體】		蜂蜜	15g	【裝飾】	
無鹽奶油	30g	開心果碎	10g	開心果	18 顆
杏仁膏	100g	酒漬櫻桃	18 顆	防潮糖粉	適量
全蛋	50g				

1

開心果放入烤箱，以上火100℃／下火100℃，烤焙至表面上色熟成，取出切碎備用。

2

無鹽奶油上爐煮至焦糖色，起鍋馬上隔冰水冷卻凝固，此即焦香奶油。

3

杏仁膏分 2 次加入焦香奶油中，用橡皮刮刀拌勻。

4

分 2 次加入全蛋。

5

用手提電動打蛋器快速打發，約打 2 分鐘。

6

倒入蜂蜜，拌勻。

7

加入開心果碎，拌勻，裝入擠花袋中。

8

在烤模內擠一點麵糊。

9

放上酒漬櫻桃。

10

再擠上一層麵糊。

11

表面貼一顆開心果。

12

放進烤箱以上火 180℃／下火 190℃，烤焙 18 ～ 20 分鐘，出爐靜置冷卻，撒上防潮糖粉裝飾即可。

日式白巧克力蛋糕

製作份量 **8 吋 ×1個** 最佳賞味 **冷藏 4 天**

材料

白巧克力	50g	鮮奶	50g	蛋白	150g
沙拉油	60g	全蛋	1 顆	細砂糖	80g
低筋麵粉	90g	蛋黃	75g		

作法

1

白巧克力隔水加熱至融化。

2

沙拉油以中火加熱煮滾，倒入過篩的低筋麵粉。

3

用打蛋器快速攪拌均勻，煮20秒，熄火。

4

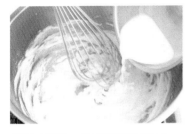

倒入鮮奶，用打蛋器攪勻。

5

加入作法 *1* 融化的白巧克力，拌勻。

6

分次加入全蛋和蛋黃。

7

拌勻成白巧克力蛋黃糊。

8

蛋白放入乾淨的鋼盆中，持手提電動打蛋器，以同方向最快速打 20 秒。

9

加入細砂糖，再用同方向最快速，攪拌 2 分鐘，打到濕性發泡 9 分發。

10

改以慢速攪拌 30 秒（把氣泡切細）。

11

打發的作法 *10* 蛋白糖分 3 次加入白巧克力蛋黃糊中，用刮刀輕輕的、快速的拌勻，倒入 8 吋模型中。

12

表面抹平，輕敲一下，放進烤箱以上火 180℃／下火 160℃，烤焙 30 分鐘，將烤盤調頭，再烤 5 分鐘，出爐輕敲一下釋放蛋糕中多餘的氣體，倒扣到涼架上，冷卻後脫模即可。

Chapter 03

繽紛耀眼的蛋糕裝飾

蛋糕裝飾技巧千變萬化，在開始裝飾蛋糕前，先教你製作各種奶油霜、翻糖、蕾絲糖、豆沙餡等，還有調色方式與色表參考，以自製原料取代市售翻糖或奶油霜，更能自己掌握蛋糕的美味！學會自製基本原料後，就可以跟著老師一起學習擠花等各種美麗的裝飾手法囉！

基礎裝飾材料&技法

新鮮蛋白糖霜

份量　約 210g

材料

蛋白 1 顆、糖粉 200g、新鮮檸檬汁 2g

作法

1 糖粉篩入蛋白中。

2 以打蛋器攪拌 5 分鐘，倒入新鮮檸檬汁攪勻拌均即可。

義大利蛋白霜

份量　約 630g

材料

義大利蛋白霜粉 75g、糖粉 500g、冷開水 90g

作法

1 義大利蛋白霜粉 + 糖粉，混合過篩。

2 倒入冷開水，持手提電動打蛋器，以慢速攪拌 1 分鐘，再改以中速攪拌 4 分鐘即可。

蕾絲糖

份量　約 90g

材料

蕾絲糖粉 42g、冷開水 56g、泰勒膠 3g

作法

1 蕾絲糖粉 + 冷開水 + 泰勒膠，攪拌均勻，靜置 5 分鐘。

2 抹在模型上以刮板刮平，放入烤箱，以 80℃ 烘烤 10 ～ 12 分鐘，取出脫模即可。

台式奶油霜

份量　約 720 g
特色　顏色較白，適合做麵包夾心或染
　　　色使用。

材料

**無鹽奶油 200g、雪白油
200g、果糖 400g**

作法

1 無鹽奶油＋雪白油，持
手提電動打蛋器，以同方
向最快速打發。

2 約打 5 分鐘，攪打到顏
色變白。

3 分次倒入果糖，邊倒邊
以手提電動打蛋器慢速攪
拌均勻。

4 倒完果糖後，用電動打
蛋器以同方向最快速打發
5 分鐘，攪拌到質地變光
滑即可。

美式奶油霜

份量　約 400g
特色　適合蛋糕抹面用、化口性好、顏
　　　色較黃。

材料

**無鹽奶油 250g、全蛋 2 顆、細
砂糖 100g**

作法

1 無鹽奶油回軟，用刮刀
攪至光滑（不要開機器
打）。

2 全蛋＋細砂糖攪勻，隔
水加熱到蛋黃糊 70℃，
熄火，以打蛋器繼續攪打
到蛋黃糊降溫至室溫。

3 待蛋黃糊完全冷卻後，
緩緩倒入無鹽奶油中。

4 邊用手提電動打蛋器，
以同方向最快速打發 10
分鐘，攪拌到質地變光滑
即可。

法式奶油霜

份量　約 230g

特色　安格列斯 CREAM 打法，是口感
　　　最好的奶油霜，成品顏色偏黃。

材 料

**細砂糖 100g、鮮奶 30g、蛋黃
3 顆、無鹽奶油 70g、天然香草
精 1 小滴**

作 法

1 蛋黃＋細砂糖＋鮮奶，
一起放入小鍋中，使用耐
熱刮刀，開小火，一邊加
熱一邊攪拌。

2 鍋中溫度煮到 80℃，
熄火，讓蛋黃糊降溫到室
溫，備用。

3 無鹽奶油回軟，用手提
電動打蛋器打勻，分次倒
入冷卻的蛋黃糊，以同方
向最快速打發 4 分鐘。

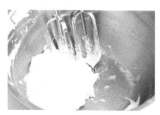

4 加入香草精，打到質地
均勻細緻即可。

韓式奶油霜

份量　約 750g

特色　同義式蛋白霜打法，顏色較白，
　　　質地透亮，很適合調色使用。

材 料

**蛋 白 140g、 細 砂 糖（Ａ）
60g、 水 50g、 細 砂 糖（Ｂ）
120g、韓國白奶油 450g**（韓國
白奶油切小塊，放在冰箱冷藏冰硬，
不可回軟）

作 法

1 蛋白先用手提電動打蛋
器，以同方向最快速打發
20 秒，加入細砂糖（Ａ），
續以同方向最快速打發 2
分 20 秒，至乾性發泡。

2 水＋細砂糖（Ｂ），以
中小火煮到 120℃，分次
倒入作法 1 打發蛋白中。

3 用手提電動打蛋器，以
同方向最快速打發 2 分
鐘，攪打成義式蛋白霜，
降溫到室溫。

4 加入冰硬的韓國白奶油
塊，持手提電動打蛋器，
以同方向最快速打 5 分鐘
即可。

義式奶油霜

份量　約350g

特色　口感較為輕盈的奶油霜，顏色較
白，很適合調色使用。

材料

**無鹽奶油 200g、蛋白 1 顆、細
砂糖（A）30g、水 45g、細砂
糖（B）60g**

1 無鹽奶油回軟，用手提
電動打蛋器，同方向最快
速打發 10 分鐘（顏色變
白）。

2 蛋白先打 20 秒，加入
細砂糖（A），快速打發
3 分鐘，呈濕性發泡。

3 細砂糖（B）＋水，以
中小火煮到 118℃，沖入
作法 2 打發的蛋白中。

4 用手提電動打蛋器，以
同方向最快速打發 2 分
鐘，打至乾性發泡。

5 分次加入作法 1 打發的
無鹽奶油中。

6 用手提電動打蛋器，以
同方向最快速打發 12 分
鐘，打到質地光滑細緻即
可。

英式奶油霜

份量　約 750g

特色　糖油拌合法製作，成品顏色較白，適合蛋糕抹面用。

材料

無鹽奶油 250g、糖粉 500g、鮮奶 30 ～ 50g、天然香草精 1 小滴（★鮮奶用量在夏天使用 30g，冬天使用 50g，因為夏天氣溫高，奶油容易回軟。）

作法

1 無鹽奶油回軟。

2 用手提電動打蛋器，同方向最快速打發 5 分鐘。

3 分次篩入糖粉，用刮刀拌勻。

4 用手提電動打蛋器，同方向最快速打發 10 分鐘。

5 分次倒入鮮奶以慢速打勻，滴入天然香草精。

6 持手提電動打蛋器，以同方向最快速打發 6 分鐘即可。

Tips

調製彩色奶油霜

奶油霜可用色膏調色，可依想要深淺度增減色膏用量。

材料

奶油霜適量、色膏少許

作法　用牙籤沾取少許色膏，抹在奶油霜上，用橡皮刮刀將色膏和奶油霜拌勻至顏色均勻即可。

利用花嘴擠毛茛 適用於奶油霜、豆沙餡

作法

1 以120號彎月玫瑰花嘴在花釘上擠一圈。

2 重複擠出三層當底座。

3 將彎月玫瑰花嘴以寬底朝下的角度放到花釘上。

4 第一層：以右手擠出，左手逆時針旋轉花釘，繞花釘一圈半。

5 第一層繞完一圈半。

6 第二層：擠出三個花瓣，右手擠出，左手逆時針轉。

7 第三層：右手擠出，左手逆時針旋轉，繞一圈半花瓣。

8 第四層：沿著花釘，擠四瓣花瓣。

9 四瓣花瓣完成。

10 第五層：右手再繞一次一圈半。

11 以花剪取下完成的毛茛花，放進冰箱冷凍至冰硬即可。

利用花嘴擠玫瑰 適用於奶油霜、豆沙餡

作法

1 染紅色時加微量粽色色膏可降低螢光感，使顏色更自然。

2 用玫瑰花嘴在花釘中心擠上花的軸心。

3 花嘴尖端朝上、大頭朝下，輕放在花芯上，左手逆時針轉動花釘，右手擠出圓弧形。

4 第一層只做一圈花瓣。

5 擠花時要隨時保持花嘴乾淨，花瓣才會漂亮。

6 第二層花瓣要做三片，第一片包住第一層間隙（左手逆時針轉動花釘）。

7 重複同樣的手法，等距離擠出第二片和第三片花瓣（左手逆時針轉動花釘）。

8 第三層花瓣要做五片，第一片要從花瓣的中間，由下往上弧形的方式擠出花瓣（左手逆時針轉動花釘）。

9 第三層的五瓣花瓣完成。

10 擠好第三層後，花瓣側面要擠一圈奶油，定形固定。

11 第四層花瓣要做七片，重複作法6～7，擠出七片花瓣，花瓣每一層會愈擠愈大。

12 花瓣完成後，在側面擠一圈奶油，固定花的底部。

13 放入冰箱冷凍至冰硬。　**14** 用花剪輕輕的將花取下。　**15** 將玫瑰花平放在盤子上。後，輕輕的取出花剪，移進冰箱冷凍至冰硬即可。

調色表

奶油霜和翻糖都可使用色膏或色素調色，可參考調色表來調製。

紅　黃　藍

三原色

色相環（原色區）

○ ＝白＋   ＋黃＝ ●
● ＝灰＋ ⟩ 紅 ⟨
● ＝黑＋   ＋藍＝ ●

○ ＝白＋   ＋藍＝ ●
○ ＝灰＋ ⟩ 黃 ⟨
● ＝黑＋   ＋紅＝ ●

● ＝白＋   ＋紅＝ ●
● ＝灰＋ ⟩ 藍 ⟨
● ＝黑＋   ＋黃＝ ●

自製豆沙餡

份量　約 600g
特色　白豆沙可密封冷凍保存 2 個月。

材料

白鳳豆 300g、水 600g、細砂糖 75g、透明麥芽
75g

作法

1 白鳳豆洗淨，以冷水（材料外）浸泡 4 小時。

2 浸泡 4 小時之後，約至膨脹成 4 倍大，瀝除水分。

3 將白鳳豆＋水 600g，放入電鍋，外鍋倒入 2 杯水，蒸至熟軟，取出放涼。

4 將作法 3 放入調理機中，打成豆沙泥，以濾網過篩。

5 將豆沙泥放入鍋中，加入細砂糖和透明麥芽，上爐開火，拌炒均勻。

6 炒至水分收乾即可。

 Tips

調製彩色豆沙餡

白豆沙可用天然食材粉調色，例如：南瓜粉、甜菜根粉、綠藻粉、紅麴粉等。

材料

白豆沙 300g、冷開水 30g、天然食材粉 2g
（示範為南瓜粉）

作法　白豆沙＋冷開水＋天然食材粉，用刮刀攪拌均勻即可。

自製翻糖

份量　約500g

特色　需用塑膠袋密封，可冷藏保存1個月。

材料

細砂糖 45g、 水 45g、 糖 粉 380g、 雪 白 油 45g、吉利丁片 4g

作法

1 吉利丁片泡冷開水至軟（約5分鐘），取出、擠乾水分。

2 細砂糖＋水，煮滾後熄火，放入作法1吉利丁片，攪拌至吉利丁片融勻，降溫到室溫。

3 糖粉過篩，加入白油，用橡皮刮刀拌勻。

4 緩緩倒入作法2吉利丁糖液，用橡皮刮刀拌勻。

5 改用刮板將材料混合推拌均勻。

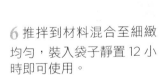

6 推拌到材料混合至細緻均勻，裝入袋子靜置12小時即可使用。

調製彩色翻糖

翻糖可用色膏調色，依想要的翻糖深淺度來增減色膏用量。

材料

翻糖適量、色膏少許

作法　用牙籤沾取少許色膏，抹在翻糖上，用掌心將色膏和翻糖混和壓勻，搓揉至顏色均勻即可。

翻糖披覆技巧

蛋糕體1個、奶油霜適量、翻糖適量

1 取冷卻的蛋糕體，表面抹上奶油霜，抹平。

2 再用奶油霜塗抹側面，抹平，放入冰箱冷凍至奶油霜凍硬。

3 翻糖用塑膠袋覆蓋避免沾黏，用桿麵棍把翻糖擀開。

4 擀成 0.3 公分的薄片，薄片大小要大於蛋糕體的面積。

5 將冰硬的蛋糕取出，蓋上翻糖片。

6 翻糖片貼緊蛋糕。

7 用刮板把多餘的翻糖修掉。

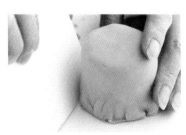

8 刮板貼著蛋糕體邊緣整形。

9 用刮板將蛋糕邊緣修至平整即可。

利用花形模做翻糖玫瑰

作法

1 取一個塑膠袋，以L形裁開，置中放入翻糖，用桿麵棍將翻糖**擀平**。

2 打開塑膠袋，用四入花形模型各壓出一片翻糖花片。

3 拉起翻糖片，去除多餘翻糖。

4 另取一小團翻糖，在手掌心揉成水滴型，此為花芯。

5 翻糖花片邊緣用指腹壓薄。

6 在最小片的翻糖花片中間放上花芯。

7 取一瓣花瓣包住花芯，再取間隔一片的花瓣包覆花芯。

8 依序用間隔的方式，用花瓣包住花芯，變成一朵小花。

9 完成的小花放在大一號的翻糖花片上，重複用間隔的方式包覆小花。

10 再取大一號的翻糖花片包住小花，重複作法 8～9，將四片翻糖花片組合好。

11 用牙籤調整花瓣的角度。

12 完成利用花形模製作的翻糖玫瑰。

利用圓形壓模做翻糖玫瑰

作法

1 塑膠袋以 L 形裁開，放入翻糖以桿麵棍將翻糖擀平，打開塑膠袋用大小兩個圓形模各壓出兩片翻糖圓片。

2 拉起翻糖片，去除多餘翻糖。

3 將兩片大翻糖圓片重疊，交接處用指腹壓平。

4 依序接上兩個小翻糖圓片，交接處用指腹壓平。

5 翻糖圓片邊緣用指腹壓薄。

6 用塑膠袋將小翻糖片捲起。

7 打開塑膠袋，用食指將小翻糖圓片往大翻糖圓片方向輕推。

8 用刮板將翻糖捲均切成兩半。

9 將切開的糖花底部捏合。

10 糖花完成後，用牙籤調整花瓣角度。

11 將糖花底部多餘部分切除。

12 完成利用圓形模製作的翻糖玫瑰。

利用手捏塑形做翻糖玫瑰

作法

1 取一團翻糖（約120g），均分成12小塊。

2 將翻糖一一放在手掌心中，搓成水滴形。

3 將水滴放入塑膠袋中，用手指頭壓扁。

4 把翻糖推成薄片，當成花瓣。

5 取一個水滴形當花芯，第一片花瓣由上往下包住花芯。

6 完成第一瓣。

  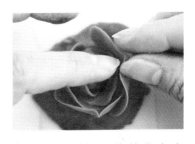

7 以同樣的手法把花瓣貼上。

8 邊緣不要重疊，用間隔方式在空隙中間貼上另一片花瓣，才會產生層次感。

9 重複貼到想要的花朵大小後，花瓣邊緣用手指輕輕的推出一點小尖尖，讓花瓣看起來更自然。

10 用手把翻糖花底部收緊。

11 用花剪把玫瑰花剪下。

12 完成利用手捏塑形製作的翻糖玫瑰。

井字玫瑰

1

翻糖擀平，用圓形波浪壓模壓出翻糖片。

2

在蛋糕表面擠上少許糖霜，蓋上翻糖片。

3

用糖霜擠上裝飾線條。

4

用鑷子夾取白色糖珠，等距離將糖珠貼在裝飾條上。

5

正中央擠少許糖霜。

6

放上翻糖玫瑰花即可。

繽紛小花園

作法

1

翻糖擀平，用大、小圓形波浪壓模壓出翻糖片，用糖霜依序黏上翻糖片。

2

表面用糖霜擠上線條裝飾。

3

擠上少許糖霜，放上翻糖玫瑰貼合。

4

把菊花壓模器放在擀好的翻糖片上。

5

拉起翻糖，推出菊花翻糖片。

6

擺上菊花翻糖片，花芯點上糖霜，黏上糖珠即可。

彩色玫瑰園

作法

1

翻糖擀平，用葉形壓模器壓出翻糖片。

2

翻糖擀平，用大、小圓形波浪壓模壓出翻糖片（小圓用巧克力造型板擀出紋路），用糖霜依序黏合。

3

擠上少許糖霜，黏上葉子糖片和翻糖玫瑰花。

4

在葉子上擠少許糖霜，再黏上玫瑰花。

5

表面點上糖霜圓點裝飾即可。

典雅蕾絲花片

作 法

1

翻糖擀平，用圓形波浪壓模壓出翻糖片，用糖霜將蛋糕和翻糖片黏合。

2

距離糖片邊緣 0.5cm，用菊形花嘴擠一圈貝殼造形糖霜花。

3

剪下局部需要的蕾絲糖花片。

4

中心擠一點義大利蛋白霜，貼上蕾絲糖花片，邊緣再擠一點蛋白糖霜，固定花片。

5

以鑷子將進口可食用銀珠擺在貝殼糖霜花上。

6

蕾絲糖花外圍用義大利蛋白霜點上小圓點裝飾即可。

緞帶蕾絲糖

作法

1

翻糖擀平，用圓形波浪壓模壓
出翻糖片，用糖霜將蛋糕和翻
糖片黏合。

2

表面擠一小點糖霜，貼上蕾絲
糖。

3

以間隔皺摺的方式，以糖霜將
蕾絲糖繞蛋糕一圈固定。

4

繞完杯子表面一圈，形成像新
娘禮服一樣的波浪感。

5

中間空白處，擠上糖霜。

6

以鑷子擺上進口珍珠糖即可。

金色翻糖羽毛

作法

1

蛋糕體用翻糖披覆，從邊緣貼上緞帶蕾絲糖。

2

用糖霜黏合，繞一圈固定。

3

翻糖搓揉光滑，沾少許烤熟玉米粉，壓入羽毛模以軟刮板刮平，翻面輕壓脫模。

4

用筆刷塗上進口食用金漆。

5

點上糖霜固定翻糖羽毛。

6

紙模修剪成適當大小，圍成圓形用膠帶固定。

7

套入完成的蛋糕即可。

仕女造型鏡框

作法

1

翻糖略壓平，放上巧克力造型
片，用桿麵棍擀平。

2

用圓形波浪壓模壓出翻糖片，
以少許糖霜黏合在蛋糕上。

3

取一團翻糖，在手心搓揉光
滑。

4

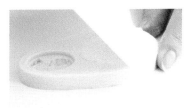

整形成圓形，壓入模型，表面
用軟刮板去除多餘部分。

5

翻面輕壓脫模，完成鏡框。

6

再做出仕女像。

7

在鏡框中間擠上少許糖霜，輕
輕黏合仕女像。

8

翻糖片上擠少許糖霜，黏合仕
女鏡框即可。

藍色珠寶盒

作法

1

翻糖在手心搓揉光滑，表面輕
拍一層烤熟玉米粉，整形成長
條形。

2

壓入珠寶翻糖模型，用掌心壓
平。

3

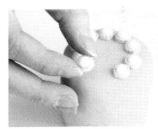

用軟刮板刮除多餘部分。

4

翻面輕壓脫模。

5

用筆刷在珠寶邊緣刷上進口食
用銀漆。

6

先將珠寶放在已披覆翻糖的蛋
糕上，調整間距確認位置。

7

位置確認後，擠上糖霜，用鑷
子依序夾取珠寶黏合。

8

蛋糕底部同樣夾取珠寶，依序
擠上糖霜黏上珠寶。

9

中間圍上緞帶蕾絲糖即可。

雙色康乃馨

玫瑰豆沙花

水仙花

作法

1 在花釘中間擠上一點豆沙，貼上烤焙紙。

2 將104號玫瑰花嘴寬頭向內，用畫∩形的方式擠出豆沙花瓣。

3 同樣的手法，擠出第二片花瓣。

4 用手指頭輕輕將花瓣推平。

5 完成五片花瓣底座。

6 白豆沙加入南瓜泥調成黃色，在花瓣中間垂直擠出一個圓形（左手逆時針旋轉花釘）。

7 用三角紙袋裝入黃豆沙，在中間擠出垂直的花蕊細條。

8 以花剪取下，放入冰箱冷凍至冰硬。

9 蛋糕中間擠上白豆沙，稍微抹成弧形，用花剪貼上水仙花。

10 第一層貼五朵水仙花，中間空隙擠上少許豆沙。

11 在頂端貼上第六朵水仙花。

12 以葉型花嘴在花朵空隙擠上小葉子即可。

雙色康乃馨

作法

1 取二個擠花袋，各填入紅、白豆沙，一起放入裝上104號玫瑰花嘴的擠花袋中，寬頭放白豆沙。

2 在花釘上擠出圓形底座。

3 一共擠出4層底座。

4 花嘴垂直放在底座中間，尖端朝上，以劃S的方式，直向往外擠出豆沙。

5 另一邊以同樣方式，擠出豆沙。

6 以同樣方式，在底座中間擠出十字形，使表面分成4等份。

7 每一等份內以同樣方式擠入三片花瓣。

8 最後一瓣收尾時注意花嘴角度往下，順勢收掉。

9 四等份內空間皆填入花瓣，以花剪取下，放入冰箱冷凍至冰硬。

10 蛋糕中間擠上白豆沙，稍微抹成弧形，用花剪貼上三朵康乃馨。

11 以葉型花嘴在花朵空隙擠上小葉子。

12 頂端葉片中間用黃色的豆沙擠上小圓點裝飾即可。

洋牡丹

作法

1 花嘴放在 6 點鐘方向，花釘逆時鐘旋轉，擠出一個平面的圓形。

2 一共擠三層圓形當底座。

3 第一層從中間垂直繞擠出一個圓形。

4 第二層開始，用同樣的手法，但改以半圈＋半圈的方式繞出花瓣。

5 重複作法 4 手法，做好第四層花瓣。

6 第五層花瓣從外圍繞一整圈收尾。

7 白豆沙加入南瓜泥調成黃色，在中間擠一圓點當花芯底。

8 再擠拉出細長條作小花蕊。

9 完成的洋牡丹以花剪取下，放入冰箱冷凍至冰硬。

10 蛋糕中間擠上白豆沙，抹成圓弧形，以傾斜的角度，放上洋牡丹花。

11 底部擺五朵洋牡丹，正中間擠上一點白豆沙，再放一朵洋牡丹。

12 以葉型花嘴在花朵空隙間擠上小葉子即可。

玫瑰豆沙花

作 法

1 蛋糕中間擠上白豆沙，抹成圓弧形。

2 用花剪取出冰硬的豆沙玫瑰，以傾斜的角度，放上玫瑰花。

3 以同樣的方式，擺上五朵豆沙玫瑰。

4 正中間擠上一點白豆沙。

5 頂部再擺上一朵豆沙玫瑰。

6 以葉型花嘴在花朵空隙間擠上小葉子即可。

備註：豆沙玫瑰作法見 P.110，做到第三層即可。

韓式豆沙裱花組合—玫瑰園

作法

1

蛋糕側面以圍邊飾條裝飾，用膠帶黏起固定。

2

在蛋糕表面擠上環形白豆沙。

3

總共堆疊擠上三層白豆沙環。

4

用花剪輔助，以傾斜的角度貼上冰硬的豆沙玫瑰。

5

依環狀排列，交錯貼上 8 朵大豆沙玫瑰花，小心，不要碰到旁邊的花，避免花瓣受損。

6

切一片蛋糕，填入中間空隙處墊高。

7

上面再擠上白豆沙，鋪滿。

8

頂端擺小豆沙玫瑰花，小心不要壓到其他的花。

9

綠色豆沙裝入圓花嘴擠花袋，填滿花與花間的大空隙處，擠出圓柱狀做花苞。

10

以葉型花嘴在花朵空隙間擠上小葉子。

11

注意盡量將縫隙填滿，使蛋糕看起來圓滿飽和。

12

在小花苞中間用白豆沙擠上小白點，讓花苞看起來有快開花的感覺會更生動。

韓式豆沙裱花組合一繁花似錦

作 法

1

蛋糕側面以圍邊飾條裝飾，用膠帶黏起固定。

2

在蛋糕表面擠上環形白豆沙，總共堆疊擠上三層白豆沙環。

3

依序排入紅色的豆沙大玫瑰、洋甘菊、洋牡丹、白色小玫瑰、黃色小玫瑰。

4

用這五種不同的花型，環狀排列出漂亮的花環。

5

綠色豆沙裝入圓花嘴擠花袋，填滿花與花間的大空隙處，擠出圓柱狀做花苞。

6

以葉型花嘴在花朵空隙間擠上小葉子。

7

在小花苞中間用白豆沙擠上小白點，讓花苞看起來有快開花的感覺，整體的蛋糕表現會更生動活潑。

迷你奶油花

作法

1

使用菊形花嘴，在蛋糕表面由中間往外，90 度垂直擠出奶油花。擠滿後插上裝飾插牌。

備註：愛心小花是以翻糖製作，翻糖作法可見 P.113。

貝殼奶油花

作法

1

使用大的菊形花嘴，由外往內，以逆時針方向擠出貝殼造型奶油花。

2

正中心擠上用逆時針旋轉方式擠一個圓形奶油花（旋轉玫瑰），最後插上裝飾插牌即可。

奶油甜筒

1

用菊形花嘴在蛋糕表面由外而內，順時針擠上奶油霜。

2

以順時針繞圈的方式，往中間擠高成甜筒形。

3

撒上食用藍色色粉和紅色糖片即可。

螺旋玫瑰

作法

1

用大的菊形花嘴，以順時針方向旋轉，擠出圓形奶油花（旋轉玫瑰）。

2

正中心 90 度垂直擠出一小球奶油花，擺上一朵翻糖玫瑰。

3

以鑷子夾取白色珍珠糖，放在外圍的奶油花中間裝飾即可。

藍盆花

作法

1

使用玫瑰花嘴，寬底朝內，以寫 M 的擠法擠上花瓣。

2

用同樣的手法，重複擠出花瓣。

3

繞著杯子蛋糕，擠出一整圈。

4

用同樣的手法，擠出第二層。

5

用同樣的手法，擠出第三層。

6

將黃色奶油霜裝入三角袋中，用剪刀剪一個小洞，在花瓣中間擠上花蕊即可。

奶油玫瑰

作法

1

參考 P.110 作法，做到第三層的五瓣花瓣階段，放進冰箱冷凍至冰硬。

2

杯子蛋糕表面抹一點奶油霜。

3

中間再擠上隆起的奶油霜。

4

用花剪輔助，以傾斜的角度貼上奶油玫瑰，第一層共貼五朵玫瑰。

5

頂端空隙擠一點奶油霜。

6

頂端再貼一朵奶油玫瑰。

7

以葉型花嘴在花朵空隙擠上小葉子即可。

小菊花

作法

1

在花釘上擠一點奶油霜。

2

黏上烤焙紙。

3

用 Wilton 81 號花嘴擠上一圈底座。

4

從中心點將花嘴以 90 度直角向上拉約 1cm 高度,做出花瓣。

5

開始由中心往外擠出花瓣。

6

持續重複以上動作,擠出一圈圈的花瓣。

7

直至花瓣和花釘差不多大小。

8

連同烤焙紙取下完成的小菊花,放入冰箱冷凍至冰硬。

9

蛋糕表面抹奶油霜,中間再擠上一點隆起的奶油霜。

10

用花剪輔助,以傾斜的角度貼上冰硬的小菊花。

11

用同樣的方式,依序貼上三朵小菊花。

12

以葉型花嘴在花朵空隙擠上小葉子即可。

作 法

1

在花釘上擠一點奶油霜。

2

黏上烤焙紙。

3

用 Wilton 81 號花嘴擠上一圈底座。

4

從中心點將花嘴以 90 度直角向上拉約 1cm 高度，在中心交錯擠出四瓣花瓣。

5

開始由中心往外擠出花瓣。

6

持續重複以上動作，擠出一圈圈的花瓣，直至花瓣和花釘差不多大小。

7

將紫色奶油霜裝入三角袋，用剪刀剪一個小洞，在作法 4 開始的四片花瓣中間擠上花蕊。

8

連同烤焙紙取下完成的洋甘菊，放入冰箱冷凍至冰硬。

9

蛋糕表面抹奶油霜，中間再擠上一點隆起的奶油霜。

10

用花剪輔助，以傾斜的角度貼上冰硬的洋甘菊。

11

用同樣的方式，依序貼上 3 朵洋甘菊。

12

以葉型花嘴在花朵空隙擠上小葉子即可。

蘋果花

作法

1

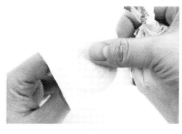

在花釘上擠一點奶油霜，黏上
烤焙紙。

2

使用玫瑰花嘴，寬厚底朝內，
擠半圓（左手逆時針旋轉花
釘），完成第一片花瓣。

3

同樣的手法，擠出第二瓣花瓣
（左手逆時針旋轉花釘）。

4

同樣的手法，擠出第三瓣花瓣
（左手逆時針旋轉花釘）。

5

同樣的手法，擠出第四瓣花瓣
（左手逆時針旋轉花釘）。

6

同樣的手法，擠出第五瓣花瓣
（左手逆時針旋轉花釘）。

7

將紫色奶油霜裝入三角袋中，
用剪刀剪一個小洞，在花瓣中
間擠上花蕊。

8

連同烤焙紙取下完成的蘋果
花，放入冰箱冷凍至冰硬。

9

蛋糕表面抹奶油霜，中間再擠
上一點隆起的奶油霜。

10

用花剪輔助，以傾斜的角度貼
上五朵冰硬的蘋果花。

11

頂部空隙擠一點奶油霜。

12

正上方貼上一朵蘋果花即可。

小雛菊

作法

1

在花釘上擠一點奶油霜。

2

黏上烤焙紙。

3

使用玫瑰花嘴,寬底朝內,以畫7的手法擠上花瓣(左手逆時針旋轉花釘)。

4

以相同手法重複擠出花瓣(左手逆時針旋轉花釘)。

5

擠最後一瓣花瓣時,花嘴收口在中心點。

6

將深褐色奶油霜裝入三角袋中,用剪刀剪一個小洞,在花瓣中間擠上花蕊。

7

連同烤焙紙取下完成的小雛菊,放入冰箱冷凍至冰硬。

8

蛋糕表面抹奶油霜,中間再擠上一點隆起的奶油霜。

9

用花剪輔助,以傾斜的角度貼上四朵冰硬的小雛菊。

10

頂部空隙擠一點奶油霜。

11

正上方再貼上一朵小雛菊。

12

擠花袋兩側沿三角型尖端剪開,變成一個三角形,在空隙處擠入葉子即可。

作 法

1

將蛋糕體底部朝上，將比較粗的邊緣剪掉。

2

抹刀拿斜的，輕推奶油霜，把表面抹平。

3

可以用多一點的奶油霜來抹側面，再修掉多餘奶油霜。

4

側面抹平後，用抹刀從正面把邊緣修平。

5

將表面抹出亮度、平整、光滑。

6

放入冰箱冷凍至冰硬。

7

取出冰硬的蛋糕，表面擠三層半圓的奶油霜。

8

正中間，擺上大朵的玫瑰花。

9

由大到小，依序排上奶油花。

10

最旁邊擺上小的奶油花。

11

花與花之間的空隙處，以圓花嘴用綠色豆沙擠出花苞，再用白豆沙擠上小白點。

12

擠花袋兩側沿著三角型的尖端剪開，變成一個三角形，就可以輕易地擠出葉子形狀的奶油，在空隙處擠入葉子即可。

韓式奶油霜裱花組合—典雅毛茛

作法

1

將蛋糕體底部朝上，將比較粗的邊緣剪掉。

2

抹刀拿斜的，輕推奶油霜，把表面抹平。

3

可以用多一點的奶油霜來抹側面，再修掉多餘奶油霜。

4

側面抹平後，用抹刀從正面把邊緣修平。

5

將表面抹出亮度、平整、光滑。

6

放入冰箱冷凍至冰硬。

7

在抹好奶油霜的蛋糕上，用義大利蛋白霜擠上三層圓形的奶油環。

8

依序擺上藍色的大毛茛、白色的大毛茛、黃色的洋甘菊、深色的小毛茛。

9

利用顏色深淺不同的奶油花來組合這個蛋糕，可以讓蛋糕看起來更有層次感。

10

花與花之間的空隙處，用圓花嘴裝入綠色豆沙，擠出花苞，再用白豆沙擠上小白點。

11

擠花袋兩側沿著三角型的尖端剪開，變成一個三角形，就可以輕易地擠出葉子形狀的奶油，在空隙處擠入葉子即可。

麥田金老師的解密烘焙
蛋糕與裝飾

作　者	麥田金	
責任編輯	張淳盈	
美術設計	徐小碧	
平面攝影	林宗億	

特別感謝
大福烘培工坊、陸光西點原料行、永誠行

社　長	張淑貞
副總編輯	許貝羚
行　銷	曾于珊

發 行 人	何飛鵬
PCH 生活事業總經理	李淑霞
出　版	城邦文化事業股份有限公司　麥浩斯出版
地　址	104 台北市民生東路二段 141 號 8 樓
電　話	02-2500-7578
發　行	英屬蓋曼群島商家庭傳媒股份有限公司城邦分公司
地　址	104 台北市民生東路二段 141 號 2 樓

讀者服務電話	0800-020-299（9:30AM-12:00PM；01:30PM-05:00PM）
讀者服務傳真	02-2517-0999
讀者服務信箱	E-mail：csc@cite.com.tw
劃撥帳號	19833516
戶　名	英屬蓋曼群島商家庭傳媒股份有限公司城邦分公司
香港發行	城邦〈香港〉出版集團有限公司
地　址	香港灣仔駱克道 193 號東超商業中心 1 樓
電　話	852-2508-6231
傳　真	852-2578-9337

馬新發行	城邦〈馬新〉出版集團 Cite(M) Sdn. Bhd.(458372U)
地　址	41, Jalan Radin Anum, Bandar Baru Sri Petaling, 57000 Kuala Lumpur, Malaysia
電　話	603-90578822
傳　真	603-90576622

製版印刷	凱林彩印股份有限公司
總 經 銷	聯合發行股份有限公司
地　址	新北市新店區寶橋路 235 巷 6 弄 6 號 2 樓
電　話	02-2917-8022
版　次	初版 1 刷 2016 年 05 月 初版 8 刷 2022 年 12 月
定　價	新台幣 380 元 / 港幣 127 元

Printed in Taiwan

國家圖書館出版品預行編目（CIP）資料

麥田金老師的解密烘焙：蛋糕與裝飾
／ 麥田金著 . -- 初版 . -- 臺北市：麥
浩斯出版：家庭傳媒城邦分公司發行，
2016.05
　面；19×26 公分
ISBN-978-986-408-154-7（平裝）
1. 點心食譜

427.16
105005142

個 人 資 訊

姓　　名：＿＿＿＿＿＿＿＿＿＿＿＿＿＿□女　□男

年　　齡：□ 22 歲以下　□ 23 ～ 30 歲　□ 31 ～ 40 歲　□ 40 ～ 50 歲　□ 51 歲以上

通訊地址：□□□－□□

＿＿＿＿＿＿＿＿＿＿＿＿＿＿＿＿＿＿＿＿＿

連絡電話：日＿＿＿＿＿＿　夜＿＿＿＿＿＿　手機＿＿＿＿＿＿

電子信箱：＿＿＿＿＿＿＿＿＿＿＿＿＿＿＿＿＿

□同意　　□不同意　收到麥浩斯出版社活動電子報

學　　歷：□國中以下　　□高中職　　□大專院校　　□研究所

職　　業：□飲食相關　　□生產 / 製造　　□媒體傳播　　□軍公教人員

　　　　　□家管 / 自由　□醫療保健　　□服務 / 仲介　□教育文化

　　　　　□學生　　　　□其他＿＿＿＿＿＿＿＿＿＿＿

請問您從何處得知本書？

□網路書店　　　□實體書店　　□部落格　　□ Facebook　　□親友介紹

□網站　　　　　□其它＿＿＿＿＿＿＿＿＿＿＿

請問您從何處購得此書？

□網路書店　　　□實體書店　　□量販店　　□其它＿＿＿＿＿＿＿＿＿＿

請您購買本書的原因為？

□主題符合需求　　□封面吸引力　□內容豐富度　□其它＿＿＿＿＿＿＿＿

請問您對本書的評價？（請填代碼：1. 尚待改進→ 2. 普通→ 3. 滿意→ 4. 非常滿意）

書名＿＿＿＿＿＿＿　封面設計＿＿＿＿＿＿　內頁編排＿＿＿＿＿＿

印刷品質＿＿＿＿＿　內容＿＿＿＿＿＿　整體評價＿＿＿＿＿＿

請問您對本書的建議是？

大福烘焙工坊

憑截角至店內消費，
全店商品 95 折！

陸光西點原料行

憑截角至店內消費，
模具單項滿百 9 折！

永誠行

憑截角至【民生店】、【精誠店】
器具類 88 折／材料類 9 折（特價品皆除外）

愛生活
麥浩斯

10483
台北市中山區民生東路二段 141 號 8 樓 #3379
麥浩斯出版社 收

請沿線撕下對折寄回

書名：麥田金老師的解密烘焙·蛋糕與裝飾
書號：1GM160

愛生活

寄回函抽
Dr.Goods 手提式電動食品混合器
（HSM235）

2016 年 8 月 31 日前（以郵戳為憑），寄回本折頁讀者回函卡，
2016 年 9 月 20 日抽出參位幸運讀者。

活動備註
1. 請務必填妥：姓名、電話、地址及 E-mail。
2. 得獎名單於 2016 年 9 月 20 日公告於愛生活手記官方部落格 http://mylifestyle.pixnet.net/blog。
3. 獎品僅限寄送台灣地區，獎品不得兌現。
4. 麥浩斯出版社擁有本活動最終解釋權，如有未竟事宜，以愛生活手記官方部落格公告為準。

永誠行
台中市民生路 147 號
04-22249876
台中市精誠路 317 號
04-24727578

陸光西點原料行
桃園縣八德市陸光街 1 號
03-3629783

大福烘焙工坊
台北市信義區莊敬路 423 巷 2 弄 3○
0971211619